Daily Marx

马克思的家常菜

54 种常见食材 × **2** 道超简单食谱 ＝ **108** 道法式佳肴

米其林大厨让你天天端出惊人美味！

（法）提耶里·马克思／桑德琳娜·凯堤叶——著
Thierry Marx　　Sandrine Quétier

林雅芬——译

北方文艺出版社

黑版贸审字 08-2014-087号

原书名：Daily Marx

© 2011 Éditions de La Martinière - Atelier saveurs, une marque
de La Martinière Groupe, Paris

本书译文由城邦文化事业股份有限公司授权使用。

图书在版编目（CIP）数据

马克思的家常菜 / (法) 马克思, (法) 凯堤叶著 ;
林雅芬译. -- 哈尔滨 : 北方文艺出版社, 2014.12
　书名原文: Daily marx
　ISBN 978-7-5317-3378-2

　Ⅰ. ①马… Ⅱ. ①马… ②凯… ③林… Ⅲ. ①家常菜
肴－菜谱 Ⅳ. ①TS972.12

中国版本图书馆CIP数据核字(2014)第286080号

马克思的家常菜

作　　者　(法) 提耶里·马克思　　(法) 桑德琳娜·凯堤叶著
译　　者　林雅芬
责任编辑　王金秋
出版发行　北方文艺出版社
地　　址　哈尔滨市南岗区林兴路哈师大文化产业园D栋526室
网　　址　http://www.bfwy.com
邮　　编　150080
电子信箱　bfwy@bfwy.com
经　　销　新华书店
印　　刷　北京缤索印刷有限公司
开　　本　787×1092　1/16
印　　张　9
字　　数　150千
版　　次　2015年3月第1版
印　　次　2015年3月第1次
定　　价　58.00元
书　　号　ISBN 978-7-5317-3378-2

马克思
的家常菜

提耶里·马克思

桑德琳娜·凯堤叶

美编设计与摄影

玛蒂尔德·德·艾果黛

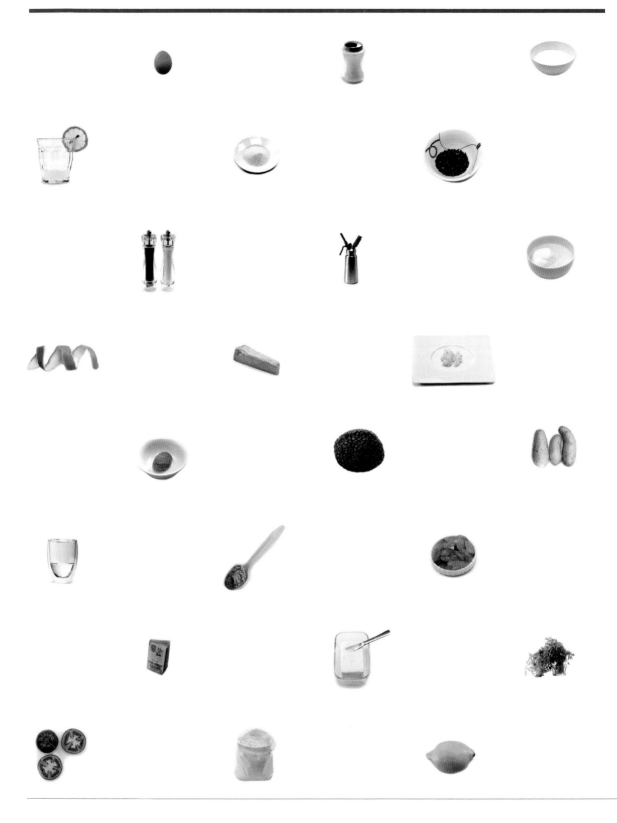

目录

前言

　　《马克思的家常菜》缘起于一场友谊。我与玛蒂尔德·德·艾果黛、提耶里·马克思是多年好友，我们最喜欢做的事，就是一起重拾烹饪的乐趣，并共享一顿好料。

　　就这样，我们起心动念想要写一本书。我们曾一同到乡间度假，一起为了准备晚餐而亲手捏面团——动手做出大大小小的面皮。突然间，我们自问"何不一起出一本家常菜食谱"，与我们所爱的人共同分享烹饪的喜悦，共享着让生活变容易、有益健康、简单且实用的料理。

　　如同大多数的女性朋友一样，玛蒂尔德和我都必须兼顾工作与家庭，我们俩有着相同的烦恼：不仅得让孩子们学会品尝美味的食物，教导他们享受用餐的喜悦，却又无法花费太多的时间在这上头。更何况，我们还得费神地为家人的健康着想，挑选有益身体、充满营养的食材。对玛蒂尔德来说，追寻天然好东西、寻求真正的生活品质，是她在艺术生涯中永不止息的挑战。

　　终于，我们完成了这本梦想中的烹饪书：里头蕴藏了每天都用得上的美味料理食谱，不仅操作步骤简单迅速，更独具风味。我们让美食具有多重价值，也让这本烹饪书不仅适用于日常生活、在宴会场合也派得上用场！当然，最重要的是，烹饪过程中绝不能把自己搞得手忙脚乱、一塌糊涂。我们曾天马行空地乱做梦，但这可没吓跑马克思，他总是当下就能了解到我们的梦幻念头，并对我们说："可行啊，我们做吧！"他还真不怕那高档的米其林星星被摘下呢！虽说他是高级的米其林大厨，却深知平凡女性的难处，他完全明了在30分钟内做出料理，并且掌控预算，对一个家庭来说有多么重要。而且，他，就是这种人，只要能让我们越来越爱烹饪，只要能让我们学会正确的饮食，那么，他就会义无反顾地勇往直前！

　　瞧！我们真的一起动手完成了！如今，这本名为《马克思的家常菜》的书，如同我们所梦想的，上市了！我啊，从此与此书形影不离。这本书的神奇之处就在于：运用我们的橱柜或冰箱里的食材，就能做出一顿好料理！就算临时有客人造访，也难不倒你了。

　　我们三人诚挚地希望这本书能够简化大家的生活。

　　开始动动手料理美食吧！

桑德琳娜·凯堤叶

买菜去啰！

购物须知

　　说穿了，其实没有什么秘诀：假如我们想要做出便宜、有益健康且不浪费的料理，就得知道如何采购。但采买这档事，可不如表面看来这么简单！尤其总是赶着处理公事与孩子的我们，一上市场，都是匆匆忙忙，毫不思索地采购，最常听信摊商花言巧语或落入跳楼大甩卖的陷阱。结果呢，我们总会提着一大堆用不上的食材回家，但真正该买的，却都没有买，而大部分食材，最后都进了垃圾桶！

　　简言之，这里头有着各式各样的"窍门"，有不少陷阱得避开。提耶里·马克思可不是那种随便哄哄就会上当的人，他不厌其烦地传授桑德琳娜·凯堤叶购物的门道（这可是一门大学问呢！）。在此，他完全不藏私地告诉大家其中的诀窍。

桑德琳娜·凯堤叶：
先从传统市场说起吧，你的第一个建议会是什么呢？

提耶里·马克思：首先，先绕一圈观察一下，找出最好的摊商。当然，别忘了得先拟好购物清单再出门。

桑德琳娜：什么都得预先规划好吗？到了市场，看到好东西，不能买吗？

马克思：可以买啊，当然可以买。但得当心摊商的花言巧语，还得抵挡得住一些漂亮摊子的诱人摆饰……别任人摆布了。另外要留心称重……商人们喜欢说"多称了一些些，一起带吧？"这时就得说"不"。原则上来说，我们必须列一张购物清单，把每种食材需要的数量列清楚，要坚持住。

桑德琳娜：说真的，我们真的很容易落入圈套耶，我是说我自己啦，我常常拎了一大堆派不

上用场的食材回家，而且，还不知拿这些食材煮什么好呢！我会对自己说，我再上网找食谱来料理这些食材好了……但我始终没有时间上网去找食谱……

桑德琳娜：超市呢？你有什么建议？

马克思：超市就简单多了。我们只要不去逛那些派不上用场的食材区，不仅可以节省时间，也不会被无用的广告词给吸引住。其实，原则是一样的：我们得严格坚持只买自己原本就计划好要买的东西。

桑德琳娜：若有折扣拍卖，也不考虑吗？

马克思：是可以考虑一下，偶尔为之。但，其实占不了多大便宜的啦！就像我们买了3千克

的马铃薯回家……其中三分之二放到烂掉，还不是一样。

桑德琳娜：好，那我们现在来谈谈食材的选择吧，拿新鲜蔬果番茄为例好了，这是我们长年都能买到的蔬果，但该如何选择呢？

马克思：最好尊重季节。我们冬天在摊子上看到的番茄，通常都是国外进口，而且是"离地"种植生产的，换句话说，就风味口感来说，比较不尽如人意。最好等到国内大量产时再买，再说，当季蔬果的价格也比较经济。

桑德琳娜：关于冷冻食品，你对冷冻大蒜和冷冻香草料有什么看法？

马克思：这很棒，而且很实用。但我不建议自己买回来冷冻，最好买已经快速冷冻处理的。香草料的使用秘诀是：若我们想要享

受其香气，就别高温使用。超过70℃，香气就尽失了。最好的做法是在烹煮完成时再加进去。

桑德琳娜：干果类，又该如何选择呢？

马克思：首重品牌，例如普伊牌（Puy）*的小扁豆烹煮效果最好。或许价格偏高，但我们可享有较好的烹煮结果，到头来，还是赚到了。

桑德琳娜：谈谈鱼类吧！我们如何知道一条鱼新不新鲜？

马克思：只要仔细看就行了，新鲜的鱼眼睛是透亮的，而且鱼鳃非常鲜红。闻闻看，是否只有碘的气味，而没有其他的味道。这样确认新鲜度即可，尤其是整条卖的鱼。但针对鱼贩处理过的鱼片，就要当心了：因为鱼片可能老早

---

* 美味的法国扁豆品牌，价格比其他品牌高些。

就处理过了，其鲜度指标不容易辨别。

桑德琳娜：**肉类，有什么需要注意的呢？**

马克思：到肉店买肉，大可放心，享受优惠。假如是到超市的肉品陈列柜购买，有两三个地方需要小心提防：检视日期与产地，并确定包装没有破损（有时还会有破洞的呢）。

桑德琳娜：**是否所有东西都要用有机的呢？**

马克思：有机食材当然很好。但是并不是每个人都买得起。我们可以选用那些理性且不使用农药的农人所种植的产品来取代。

桑德琳娜：**现在，谈完了采买食材，我们来聊聊，烹饪时需要什么工具或配料？**

马克思：最不可或缺的工具就是量杯和家庭用小秤。其他的，当然得时时备有可让料理随时上桌的基本材料。不过要随时

注意库存管理，而非每做一道菜，所有的东西都得重新购置。到头来，我们会重复添购许多东西的。

桑德琳娜：**结论呢？**

马克思：烹饪料理，往往得未雨绸缪。尤其是家常菜，以"七小时烤羊"这道菜为例，我们得在用餐前一晚就开始料理。未雨绸缪，也意味着得去看一下橱柜，看看缺了哪些东西，去想想未来几餐要煮些什么，去算算宾客的人数。简言之，就是得细心地备妥购物清单。当然，冷静地思考这一切得花上好几分钟……但这绝非是浪费时间。

桑德琳娜：**我能够使用手边现有的食材，来改变本书食谱的菜色吗？**

马克思：当然可以。所有的食谱都是可以搭配变化的。烹饪时，为了迎合宾客的口味，我们需要利用某种食材去替代另一种食材。但秘诀是，遵守用量规定！ •

──────── ›››水果类‹‹‹ ────────

菠萝

菠萝 1 个

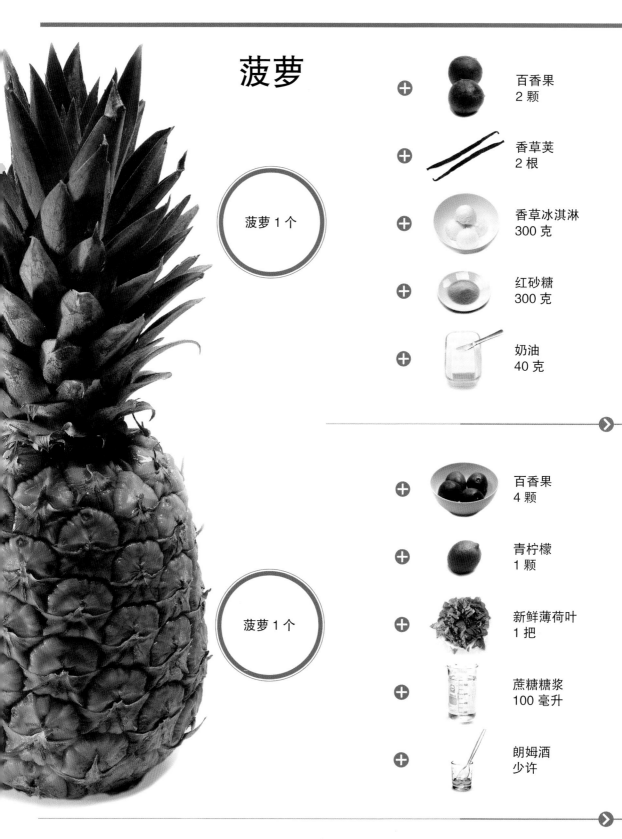

百香果
2 颗

香草荚
2 根

香草冰淇淋
300 克

红砂糖
300 克

奶油
40 克

菠萝 1 个

百香果
4 颗

青柠檬
1 颗

新鲜薄荷叶
1 把

蔗糖糖浆
100 毫升

朗姆酒
少许

4 人份

备料时间：15 分钟

烹煮时间：7 分钟

削去菠萝外皮，将果肉切成
1 厘米厚度的长条状。

- 过滤百香果汁。
- 焦糖的调制方法：以炖锅
  融化奶油与糖，并熬煮成
  金黄色。
- 将百香果汁倒入焦糖一起
  烩煮，加上香草荚后，再
  将菠萝条放入酱汁中。
- 持续熬煮 7 分钟，然后趁
  热搭配香草冰淇淋一起
  享用。

提耶里：一道简单上手的冰火二重奏甜点。

❯ 焦糖菠萝

提耶里：一道简单易做的餐后甜点。

4 人份

备料时间：15 分钟

削去菠萝外皮，将菠萝果肉
切成极薄的薄片状。

- 过滤百香果汁。
- 榨取青柠檬汁，并将少许
  青柠檬皮切细丝。
- 百香果酱汁的调制方法：
  将青柠檬汁、柠檬皮细
  丝、糖浆、朗姆酒、百香
  果汁一起调和。
- 菠萝薄片摆盘，淋上酱
  汁，并且撒上薄荷叶细末
  即可。

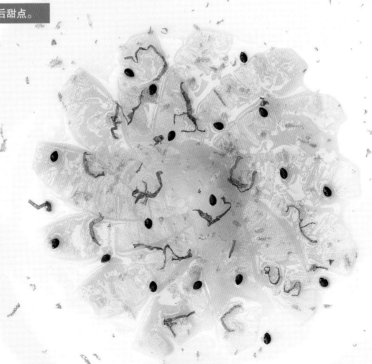

❯ 菠萝沙拉

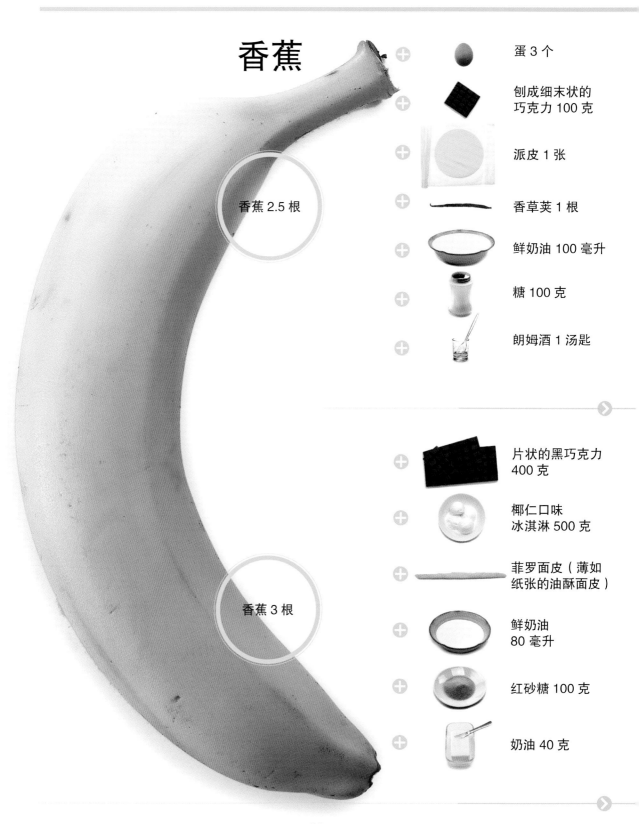

香蕉

蛋 3 个

刨成细末状的
巧克力 100 克

派皮 1 张

香草荚 1 根

鲜奶油 100 毫升

糖 100 克

朗姆酒 1 汤匙

香蕉 2.5 根

片状的黑巧克力
400 克

椰仁口味
冰淇淋 500 克

菲罗面皮（薄如
纸张的油酥面皮）

鲜奶油
80 毫升

红砂糖 100 克

奶油 40 克

香蕉 3 根

提耶里：在香蕉派面上淋一点朗姆酒加以火烤，会让这道料理变得相当可口哟！

4 人份
备料时间：30 分钟
烹煮时间：40 分钟

以 180℃预热烤箱。
- 将派皮放入不粘塔模后，先铺上一张烤盘纸，然后再铺上一层镇石（或米），以避免派皮在烘烤过程中变形。放入烤箱中预烤 8 分钟。
- 剖开香草荚，刮取出香草籽。
- 将 2 根香蕉、蛋、糖、鲜奶油、朗姆酒与香草籽一起搅拌打匀，再倒至预热

后的派皮中。放入烤箱以 175℃烘烤 30 分钟。
- 将香蕉派放凉，撒上巧克力粉末，摆上对半剖开的半根香蕉当作摆饰。

> ### 香蕉派

4 人份
备料时间：40 分钟
烹煮时间：10 分钟

剥去香蕉皮，切成圆片状。在平底锅中放入红砂糖与 1 小球奶油，加热，让香蕉片覆盖焦糖。
- 将剩余的奶油融化。
- 以 200℃预热烤箱。
- 将菲罗面皮切成 16 块四方形，涂上已融化的奶油。
- 香蕉卷的做法：将 2 片面皮叠放，在第一张面皮上放置几片焦糖香蕉薄片与 1 块巧克力后卷起，然后再用第二张菲罗面皮，包卷整个香蕉卷，重复上述动作，直到做出 8 个香蕉卷。

- 将香蕉卷摆放在糕点烤盘上，放入烤箱，约烘烤 10 分钟，直到香蕉卷呈现金黄色。
- 巧克力酱汁的调制方法：让剩余的巧克力在鲜奶油中缓缓融化。
- 将热热的香蕉卷放到盘中摆盘，淋上巧克力酱汁，搭配椰仁口味的冰淇淋一起享用。

> ### 巧克力椰奶香蕉卷

柠檬

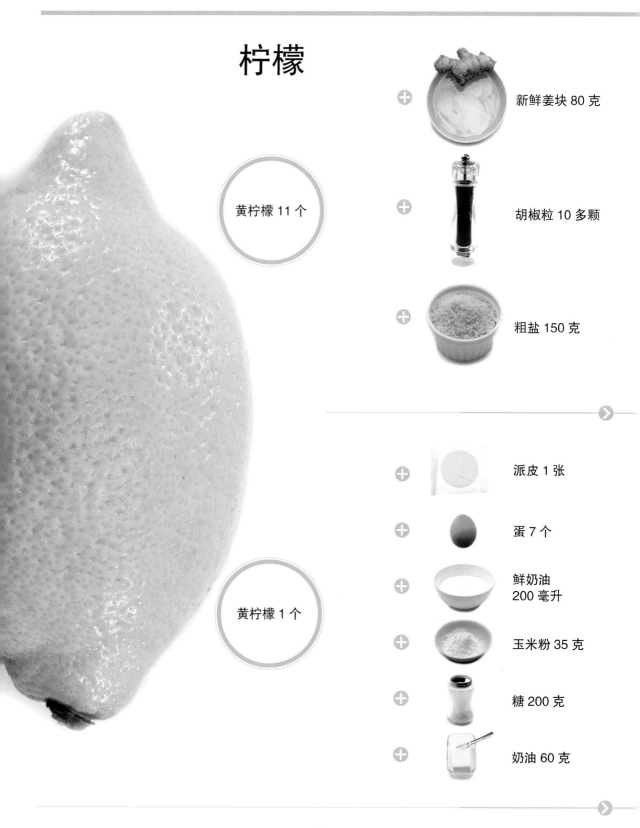

黄柠檬 11 个

新鲜姜块 80 克

胡椒粒 10 多颗

粗盐 150 克

黄柠檬 1 个

派皮 1 张

蛋 7 个

鲜奶油 200 毫升

玉米粉 35 克

糖 200 克

奶油 60 克

4 人份

备料时间：10 分钟

烹煮时间：5 分钟

静置时间：3 ~ 4 周

将柠檬清洗干净。

- 削去姜皮，并切成薄片。
- 取 10 个柠檬，并在柠檬皮上划上几刀，再平均分配放置于腌渍瓶中。
- 将留置备用的那个柠檬榨汁，将其汁液与姜片、胡椒粒、粗盐一起倒入 1000 毫升水中煮沸。降温后，倒入腌渍瓶中，完全淹过

柠檬。

- 盖上瓶盖。放置 3 ~ 4 周，即可食用。

私房小秘诀：手边留有几个腌渍柠檬是很实用的！这是鱼料理酱汁、摩洛哥蔬菜羊肉锅、地中海风味醋酿鱼、小牛肉片等料理都会用上的材料哟！

> ❯ **腌渍柠檬**

4 人份

备料时间：40 分钟

烹煮时间：25 分钟

以 180℃预热烤箱。

- 刨取柠檬皮，并榨取柠檬汁液备用。
- 将派皮放入不粘塔模后，先铺上一张烤盘纸，然后再铺上一层镇石（或米），以避免面皮在烘烤过程中变形。放入烤箱中预烤 15 分钟。
- 柠檬糖浆的制作方法：将 100 克糖、柠檬汁以及半数柠檬皮放入 100 毫升水中煮沸。

- 取 4 个蛋，将蛋白与蛋黄分开。
- 在沙拉盆中放入 4 个蛋黄、3 个全蛋以及剩余未用的糖，用搅拌器拌打成白色。加入玉米粉充分搅拌后，再加入柠檬糖浆。将此柠檬酱倒入平底锅中加热，并不停搅动，直到面糊变得十分浓稠。将奶油加入热柠檬面糊中，放入冰箱备用。
- 当柠檬酱降温至 20℃，加入已打发的鲜奶油，再倒至预烤过的派皮上。
- 撒上剩余未用的柠檬皮细末，放置冰箱冷藏即可。

> ❯ **柠檬派**

无花果

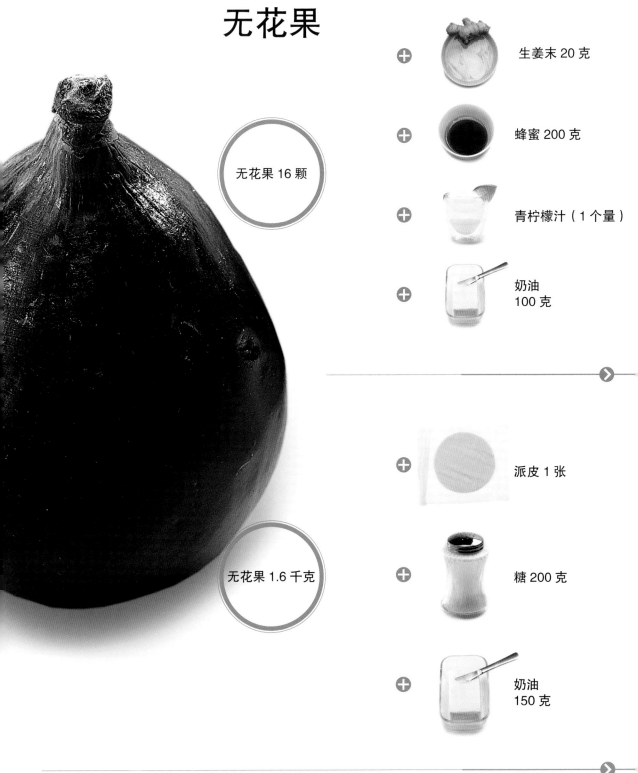

无花果 16 颗

无花果 1.6 千克

生姜末 20 克

蜂蜜 200 克

青柠檬汁（1 个量）

奶油 100 克

派皮 1 张

糖 200 克

奶油 150 克

4 人份
备料时间：20 分钟
烹煮时间：5 ~ 10 分钟

无花果洗净，在顶端处切十字刀花。

- 以 180℃预热烤箱。
- 将奶油拌打成膏状，加入蜂蜜、柠檬汁及姜末加以调和。将少许膏酱填充入无花果中。
- 把无花果摆在焗烤盘中，放入烤箱中烘烤 5 ~ 10 分钟。烘烤过程中要经常用烤汁浇淋无花果。
- 烤无花果搭配鸭肉很对味哟！

桑德琳娜：无花果，超棒！色香味俱全呢！

❯ 烤无花果

6 人份
备料时间：30 分钟
烹煮时间：50 分钟

以 180℃预热烤箱。

- 将派皮放入不粘塔模后，先铺上一张烤盘纸，然后再铺上一层镇石（或米），以避免面皮在烘烤过程中变形。放入烤箱中预烤 15 分钟。
- 将无花果洗干净。在顶端处切十字刀花，并挤入一小球奶油。
- 把无花果放到派皮上，并撒上糖。
- 以 180℃烤 35 分钟。

❯ 无花果派

草莓

整颗的草莓
300 克与
草莓鲜果泥
200 克

草莓 500 克

 法式白乳酪
或是飞司勒
（faisselle）
白乳酪 300 克

 鲜奶油 200 毫升

 吉利丁 8 片

 香草糖 2 小包
（约 20 克）

 新鲜薄荷

 肉豆蔻

 肉桂棒 2 根

 黄柠檬汁（1 个量）

 优质红酒
500 毫升

 糖 150 克

4 人份
备料时间：30 分钟

将草莓洗干净，去除果蒂，留下几颗完整草莓当作装饰之用，其他全部纵剖为二。

- 将香草糖加入鲜奶油中，拌打成香堤伊酱。
- 加热 100 克法式白乳酪，然后加入已泡过水且沥干的吉利丁片。将加了吉利丁片的乳酪倒入其余的白乳酪中，再加入香堤伊酱。
- 奶酪成形方式：先倒一些

草莓果泥至布丁模中，沿着布丁模壁贴上半颗草莓，围成一圈，再将香堤伊奶酪酱倒入。

- 放入冰箱冷藏，取出后脱模，放至盘上，以数颗完整草莓装饰点缀。

● 草莓鲜奶酪

4 人份
备料时间：30 分钟
静置时间：2 小时

将草莓洗净，水分沥干、去除果蒂，放在沙拉碗中。

- 将柠檬汁淋在草莓上，加入糖、肉桂棒以及少许的肉豆蔻粉，加以混合。再加入红酒。
- 放入冰箱腌渍 2 小时。
- 配上几片薄荷叶，冰凉食用。

❯ 红酒草莓

覆盆子

覆盆子
400 克

+ 蛋 6 个

+ 鲜奶油 100 克

+ 甜葡萄酒 150 毫升

+ 糖 200 克

覆盆子果泥
100 克

+ 杏仁粉 100 克

+ 面粉 50 克

+ 糖 200 克

+ 奶油 75 克

4 人份
备料时间：30 分钟
烹煮时间：20 分钟

将蛋白与蛋黄分开。

- 蛋黄酱的制作方法：取一个可以隔水加热的容器，放入蛋黄与糖，拌打，直到酱色变白。加入甜葡萄酒。平底锅加水，再将上述容器放在平底锅上（隔水加热），持续拌打，加热蛋黄酱，使之变白，并

呈慕丝状。打发鲜奶油，再将鲜奶油加入蛋黄酱中。

- 将蛋黄酱平均倒入烤碗中，摆上覆盆子，放入烤箱烘烤 15～20 分钟，直至表面呈金黄色。
- 烤好就可以吃了！

❷ 覆盆子意式蛋黄酱

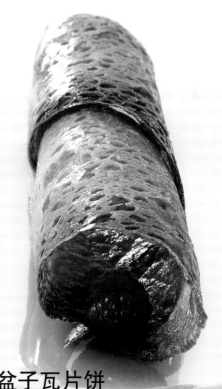

4 人份
备料时间：20 分钟
烹煮时间：10 分钟

以 180℃ 预热烤箱。

- 用圆锥形网筛（细目网筛）将覆盆子果泥过筛，借此步骤剔除覆盆子籽。
- 将奶油拌打成膏状，加入糖与面粉后，再拌入覆盆子果泥，最后加入杏仁粉。
- 将面糊放在铺有烤盘纸的烤盘上，再利用汤匙背

将面糊塑成一片片圆瓦片状。放入烤箱烤 10 分钟。

- 趁瓦片饼仍有热度（小心哟，瓦片饼很快就会变硬）小心翼翼让瓦片饼脱盘，并放至擀面杖上降温，如此一来，即可塑造出内卷的造型。

❷ 覆盆子瓦片饼

哈密瓜

哈密瓜 2 个

哈密瓜 2 个

  黄柠檬 1 个

 蛋 5 个

 派皮 1 张

 鲜奶 500 毫升

 面粉 40 克

 糖 100 克

  百香果 4 颗

  新鲜薄荷叶 1 把

  波特酒（porto） 1 杯

4 人份
备料时间：20 分钟
烹煮时间：20 分钟
静置时间：30 分钟

以 170℃预热烤箱。
- 将派皮放至烤箱中层预烤 20 分钟。等派皮降温后，以金属圆模（或利用圆形器皿亦可）将派皮切成 4 个圆片状。
- 将蛋黄与蛋白分开。
- 刨下柠檬皮细末，并榨取柠檬汁液备用。
- 蛋黄酱的调制方法：将蛋黄与糖放入沙拉碗中，拌

打成白色，加入面粉后，继续拌打。再加入已煮沸的鲜奶。将蛋黄酱倒入平底锅中加热，持续搅拌，直到酱汁变得浓稠。加入柠檬汁与柠檬皮细末，放入冰箱冷藏备用。
- 将冰凉的蛋黄酱抹在小圆派皮上。
- 哈密瓜切成小薄片状，摆放在面皮上，呈现出圆花图饰。
- 放入冰箱冷藏 30 分钟后食用。

> **哈密瓜派**

4 人份
备料时间：20 分钟
静置时间：5 小时

剖开哈密瓜，去籽。
- 利用蔬果挖球器将哈密瓜果肉挖成数颗小球状，备用。
- 用搅拌机将剩余的果肉与薄荷叶一起打成均匀泥状。
- 百香果汁倒入圆锥形网筛（细目网筛）中过筛。
- 将百香果汁、哈密瓜球与哈密瓜薄荷泥拌匀。
- 倒入波特酒。放入冰箱中冷藏腌渍 5 小时后食用。

> **哈密瓜冷汤**

香橙

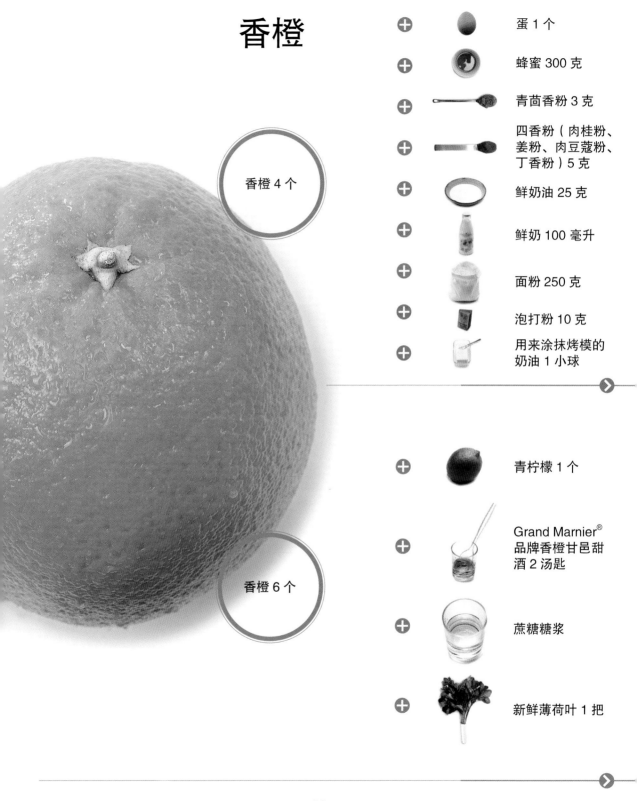

香橙 4 个

- 蛋 1 个
- 蜂蜜 300 克
- 青茴香粉 3 克
- 四香粉（肉桂粉、姜粉、肉豆蔻粉、丁香粉）5 克
- 鲜奶油 25 克
- 鲜奶 100 毫升
- 面粉 250 克
- 泡打粉 10 克
- 用来涂抹烤模的奶油 1 小球

香橙 6 个

- 青柠檬 1 个
- Grand Marnier® 品牌香橙甘邑甜酒 2 汤匙
- 蔗糖糖浆
- 新鲜薄荷叶 1 把

4 人份
备料时间：30 分钟
烹煮时间：45 分钟

以 160℃预热烤箱。

- 剥去香橙外皮，并将橙皮切成细丝状。取香橙汁备用。
- 将香橙汁、蜂蜜、鲜奶与四香粉倒入平底锅中温热。
- 将上述温热的酱汁、泡打粉与面粉倒入搅拌碗，再加入事先以鲜奶油与蛋拌打均匀的混合液体。
- 以滚水连续汆烫橙皮丝 3 次。充分沥干水分后，将橙皮丝加入面糊中。
- 在蛋糕模中先涂奶油，再拍一层薄面粉后倒入面糊。
- 放入烤箱烘烤约 45 分钟。

❯ 四香风味香橙蛋糕

玛蒂尔德：母亲都以红酒取代 Grand Marnier® 品牌香橙甘邑甜酒。

4 人份
备料时间：30 分钟

剥去香橙外皮，取用最精华的果瓣（纤维膜丢弃不用）。橙汁保留备用。

- 榨取柠檬汁，并刨取柠檬皮细末。
- 将香橙汁、香橙果肉、青柠檬汁与柠檬皮细末拌匀。
- 加入香橙甘邑甜酒增添香气，再加入糖浆，增加甜度。
- 盛入深盘中，摆上一小束薄荷叶当盘饰。

❯ 香橙沙拉

蜜桃

 蜜桃 4 个

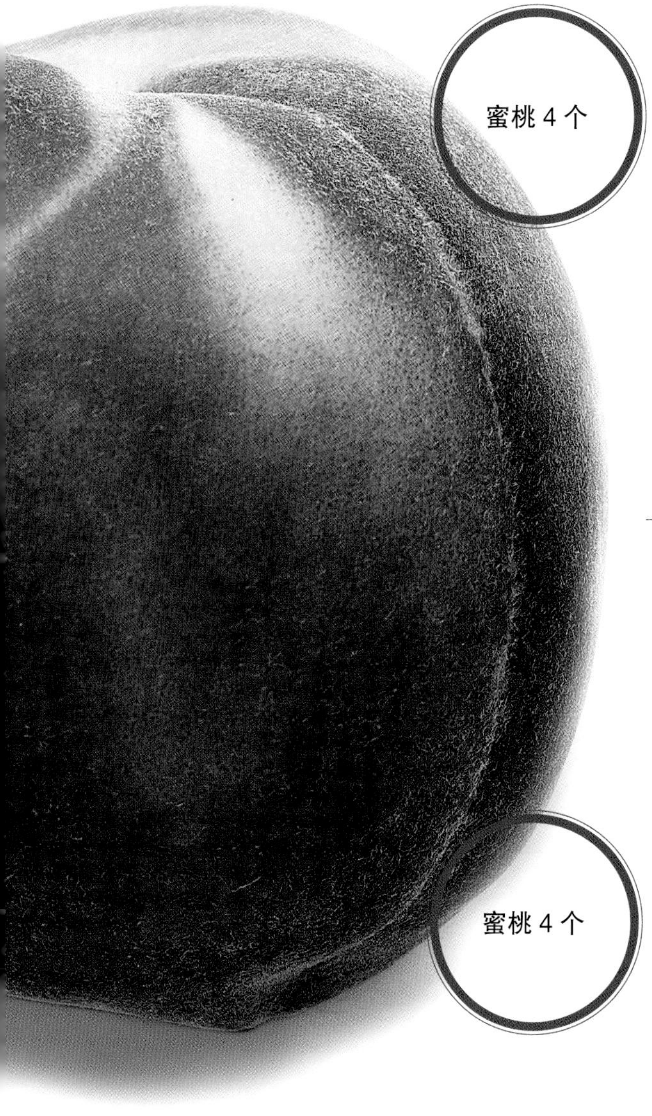

 烘烤过的杏仁片 40 克

 红莓果酱 200 克

 香草荚 1 根

 香草口味冰淇淋 400 克

 鲜奶油 100 毫升

 糖 300 克

蜜桃 4 个

 白酒 50 毫升

 波特酒 200 毫升

 糖 300 克

 奶油 30 克

4 人份
备料时间：30 分钟
烹煮时间：10 分钟

香草糖浆的调制方法：将糖、香草荚、600 毫升水混合，煮至沸腾。蜜桃去皮，放入微滚的（80℃）糖浆中炖煮 10 分钟。

- 将蜜桃的水分充分沥干，剖半、去籽，果肉备用。
- 将鲜奶油拌打成香堤伊酱（见第 27 页）。
- 盘中先倒入少许的红莓果酱，再将半个蜜桃放入，再摆上一球香草冰淇淋，并以花式压嘴在冰淇淋上挤些香堤伊酱。最后撒上烤杏仁。

❥ 香草渍蜜桃佐红莓果酱与香草冰淇淋

玛蒂尔德：这道略微豪奢的料理，适合在气候宜人的季节里，坐在葡萄藤架下享用。

4 人份
备料时间：30 分钟
烹煮时间：25 分钟

糖浆的调制方法：糖与 600 毫升水混合，煮至沸腾。蜜桃去皮，放入微滚（80℃）的糖浆中炖煮 10 分钟。

- 将蜜桃的水分充分沥干，剖半、去籽，放入平底锅，以奶油香煎。加入白酒烩煮至汁液收干，再加入波特酒，持续炖煮约 6 分钟。
- 取出蜜桃，置于餐盘中。

- 将波特酒熬煮得更为浓稠，然后淋在蜜桃上。
- 这道料理可是搭配鹅肝酱或鸭肝酱的好配菜哟！

私房小秘诀：这两道料理亦可使用市售的罐头糖浆蜜桃，效果一样好。

❥ 香烤蜜桃佐波特酒酱汁

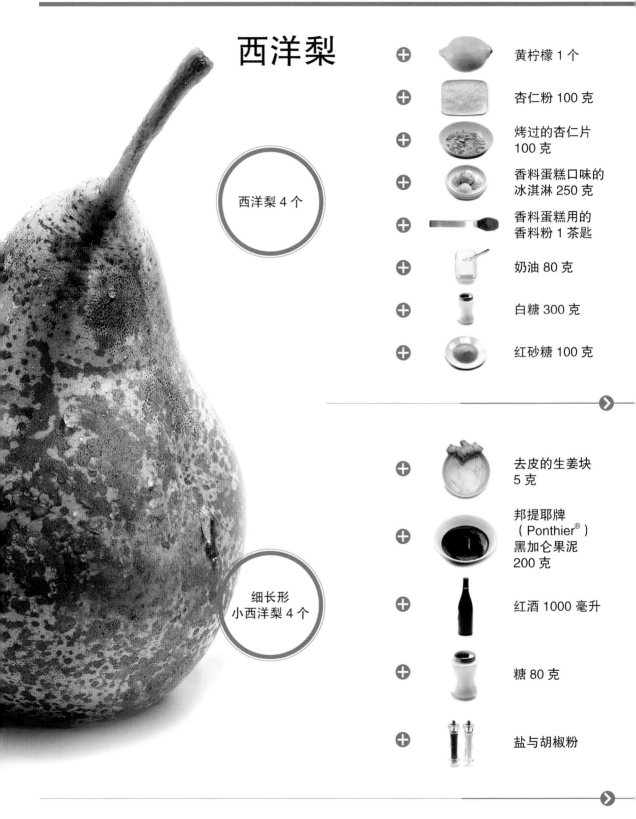

西洋梨

西洋梨 4 个

细长形
小西洋梨 4 个

➕ 黄柠檬 1 个

➕ 杏仁粉 100 克

➕ 烤过的杏仁片 100 克

➕ 香料蛋糕口味的冰淇淋 250 克

➕ 香料蛋糕用的香料粉 1 茶匙

➕ 奶油 80 克

➕ 白糖 300 克

➕ 红砂糖 100 克

➕ 去皮的生姜块 5 克

➕ 邦提耶牌（Ponthier®）黑加仑果泥 200 克

➕ 红酒 1000 毫升

➕ 糖 80 克

➕ 盐与胡椒粉

4 人份
备料时间：10 分钟
烹煮时间：25 分钟

柠檬榨汁。西洋梨去皮，保留整个完整模样，从底部挖洞去籽，淋上柠檬汁，放置备用。

- 糖浆的制作方法：将 300 克糖与 600 毫升水混合，煮至沸腾。西洋梨放入微滚（80℃）的糖浆中炖煮 10 分钟。取出西洋梨，充分沥干水分。
- 以 200℃预热烤箱。
- 将红砂糖、奶油、杏仁粉与香料粉混合，填入西洋梨内部。
- 将西洋梨放至盘上，送入

烤箱烘烤 7 分钟。
- 上桌前，撒上烘烤过的杏仁片，并搭配一球香料蛋糕口味的冰淇淋一起享用。

❷ 杏仁风味西洋梨

4 人份
备料时间：15 分钟
烹煮时间：10 分钟

西洋梨去皮，保留整个完整模样，放置备用。

- 在平底锅中加入红酒、黑加仑果泥、生姜与糖，以盐和胡椒粉调味，煮至沸腾。
- 西洋梨放入微滚（80℃）的黑加仑酒中炖煮 10 分钟后，放凉。
- 这道西洋梨料理可当作野禽料理的配菜哟！

❷ 红酒西洋梨

苹果

金冠品种苹果
4 个

金冠品种苹果
4 个

苹果气泡酒
500 毫升

苹果白兰地
（calvados）
3 汤匙

鸡高汤 100 毫升

奶油 20 克

千层酥面皮 1 张

香草荚 1 根

红砂糖少许

奶油数小球

4 人份
备料时间：15 分钟
烹煮时间：25 分钟

苹果去皮、去籽，切成 4 等份。
　用奶油将苹果煎至表面金
　黄，淋上苹果白兰地，火烤
　苹果。再加入苹果气泡酒与
　鸡高汤。
　炖煮 20 分钟。
　这道料理可当作家禽料理的
　配菜哟！

苹果气泡酒炖苹果

4 人份
备料时间：15 分钟
烹煮时间：22 分钟

以 180℃预热烤箱。
　苹果去皮，保留完整形
　状，再用苹果去核器去
　籽，让每片苹果圆薄片中
　心都有个圆洞。
　将面皮放至烤箱中层预热
　20 分钟。面皮降温后，以
　金属圆模（或利用圆形器
　皿亦可）将面皮切成 4 个
　圆片状。
　将苹果圆薄片摆放在小面
　皮上，呈现出圆花图饰，
　先以同方向摆上一圈，再
　以反方向摆上一圈，让苹
　果薄片交叠摆放（以遮盖

住中心圆洞）。
在苹果派面上撒上红砂
糖，抹上几小球奶油，再
放上去籽的香草荚。
放入烤箱，以 180℃烘烤
12 分钟。

苹果薄派

蔬菜类

芦笋

绿芦笋 1 把

 切成薄片状的
松露 40 克

 蛋 2 个

 气泡矿泉水
500 毫升

 澄清奶油 150 克
（参见第 113 页
私房小秘诀）

 盐与胡椒粉

绿芦笋 1 把

 松露薄片
（可有可无）

 蛋 4 个

 鲜奶油 150 毫升

 气泡矿泉水
500 毫升

 盐与胡椒粉

4 人份
备料时间：30 分钟
烹煮时间：17 分钟

将芦笋洗干净，放入气泡矿泉水中烹煮，备用。

- 将蛋白与蛋黄分开。
- 荷兰酱的调制方法：加入 2 汤匙的水到蛋黄里搅拌，再以隔水加热的方式加热，过程中必须不断搅拌，直到蛋黄酱呈现淋酱的浓稠度。离火之后，加入澄清奶油（温度不可过高），边加边搅拌。以盐和胡椒粉调味。

- 将温度微温的芦笋装盘，摆上松露薄片，再淋上满满 1 大匙的荷兰酱即可。

私房小秘诀：以气泡矿泉水烹煮蔬菜，可保有蔬菜原有的色彩，适用于芦笋，当然也适用于四季豆或胡萝卜！

松露芦笋

4 人份
备料时间：35 分钟
烹煮时间：20 分钟

将芦笋洗干净，放入气泡矿泉水中烹煮。完成后将芦笋保留尖头部位，其余的部分切成小丁状。

- 将鲜奶油倒入平底锅中，以文火熬煮浓缩后，加入芦笋丁一起烹煮。以盐和胡椒粉调味。
- 煮蛋：将蛋放入滚水中（请注意水要保持沸腾状态）：40 ~ 60 克大小的蛋须煮 5 分钟，更大个的蛋，则须煮 6 分钟。请事先准备一锅冰水，蛋煮好

后马上浸泡（以防止熟透）。

- 剥去蛋壳，切掉尖端部位，在蛋黄处挖个小洞，挤入少许的芦笋丁酱。
- 食用时，可将芦笋尖棒当作蘸蛋黄的蘸棒。
- 开派对时，可再加上一些松露薄片加以点缀。

芦笋佐溏心蛋

茄子

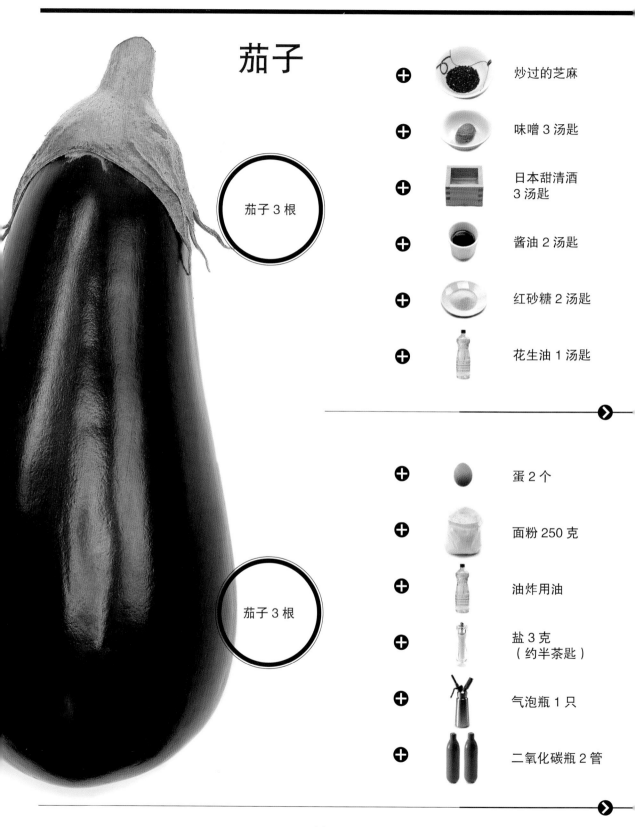

茄子 3 根

- 炒过的芝麻
- 味噌 3 汤匙
- 日本甜清酒 3 汤匙
- 酱油 2 汤匙
- 红砂糖 2 汤匙
- 花生油 1 汤匙

茄子 3 根

- 蛋 2 个
- 面粉 250 克
- 油炸用油
- 盐 3 克 （约半茶匙）
- 气泡瓶 1 只
- 二氧化碳瓶 2 管

4 人份
备料时间：20 分钟
烹煮时间：30 分钟

将茄子洗净、擦干，纵切成
4 等份。

- 以炖锅热油，香煎茄子。
- 将味噌、清酒与糖混合，
  做成酱汁备用。
- 倒出炖锅里的油，将茄子
  放至吸油纸巾上，吸除
  油脂之后，再放回热炖锅
  中，倒入味噌酱汁，以文
  火熬煮慢慢收汁，再加入
  酱油。
- 撒上芝麻，即可食用。

❯ 味噌风味茄子

4 人份
备料时间：10 分钟
烹煮时间：10 分钟
静置时间：1 小时

油炸面糊的制作方法：将
400 毫升水、面粉、蛋与盐
混合搅拌。将面糊放入气泡
瓶中，再注入二氧化碳（2
管），置冰箱冷藏 1 小时。

- 将茄子洗净、擦干，切成
  小棒状，放至吸油纸巾上
  备用。
- 将炸油加热至 145℃。
- 将气泡瓶内的面糊全倒在
  沙拉盆里，将茄子蘸裹面
  糊，再放至热油中油炸，
  直到茄棒呈现金黄色。

私房小秘诀：使用气泡瓶，
一方面可节省时间，另一方
面有助于面糊质地均匀且与
空气充分混合，以利炸出非
常酥脆的茄棒。

玛蒂尔德：这是让孩子吃茄子的妙招哟！

❯ 炸茄棒

45

胡萝卜

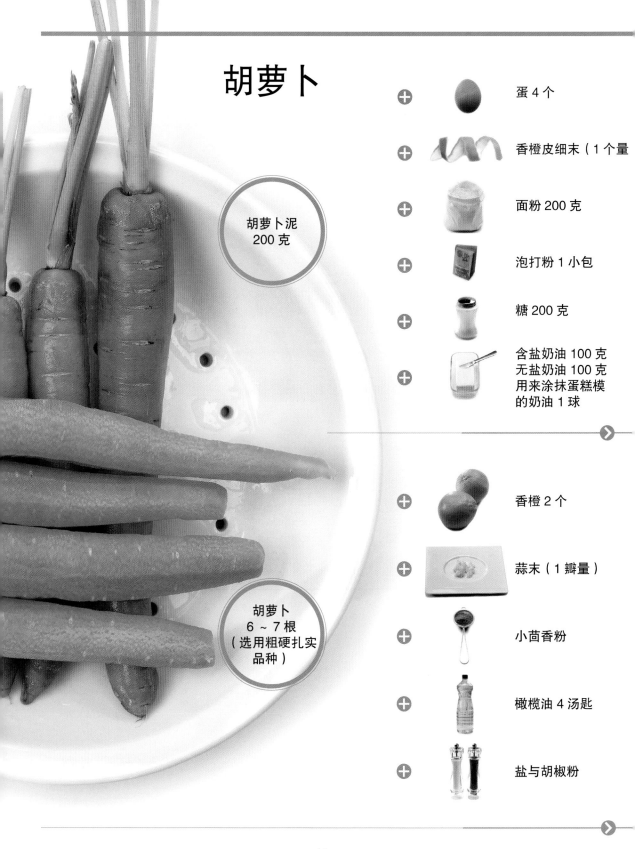

胡萝卜泥
200 克

胡萝卜
6 ~ 7 根
（选用粗硬扎实
品种）

蛋 4 个

香橙皮细末（1 个量

面粉 200 克

泡打粉 1 小包

糖 200 克

含盐奶油 100 克
无盐奶油 100 克
用来涂抹蛋糕模
的奶油 1 球

香橙 2 个

蒜末（1 瓣量）

小茴香粉

橄榄油 4 汤匙

盐与胡椒粉

4 人份
备料时间：25 分钟
烹煮时间：1 小时

以 180℃预热烤箱。
- 将蛋糕模抹上奶油。
- 将含盐、无盐两种奶油混合，加入糖，拌打成白色。再将蛋一个个分次加入，再加入面粉、泡打粉、橙皮细末与胡萝卜泥。搅拌面糊 2 分钟。
- 将面糊倒入蛋糕模至 $\frac{3}{4}$ 的高度，放入烤箱烘烤 1 小时。

❯ **胡萝卜蛋糕**

4 人份
备料时间：30 分钟
烹煮时间：20 分钟

削取一个橙皮细末，备用。
- 将两个香橙削去外皮，取下果瓣（纤维膜丢弃不用）。留取橙汁备用。
- 胡萝卜去皮，再用刨刀将胡萝卜刨出一条条薄透、呈现半透明的条状。胡萝卜心勿用。
- 油醋酱汁的调制方法：将橄榄油、香橙汁、蒜末、少许小茴香粉、盐及胡椒粉一起拌匀。
- 将薄条状胡萝卜与香橙果肉混合放置，加入油醋酱汁。

- 撒上香橙细末与少许小茴香粉，放凉后食用。

提耶里：这是一道非常适合温和天气的料理！

❯ **胡萝卜宽扁面**

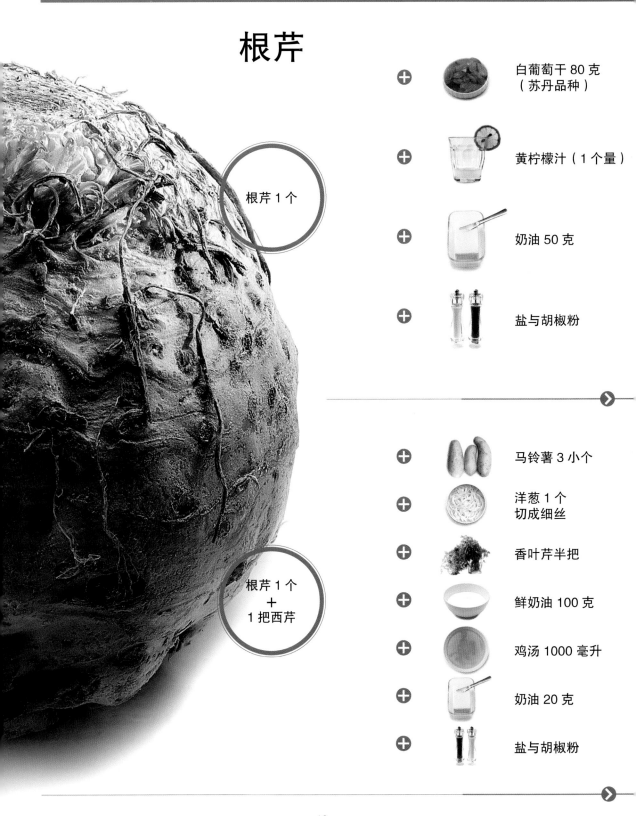

根芹

根芹 1 个

+ 白葡萄干 80 克（苏丹品种）

+ 黄柠檬汁（1 个量）

+ 奶油 50 克

+ 盐与胡椒粉

**根芹 1 个
+
1 把西芹**

+ 马铃薯 3 小个

+ 洋葱 1 个
切成细丝

+ 香叶芹半把

+ 鲜奶油 100 克

+ 鸡汤 1000 毫升

+ 奶油 20 克

+ 盐与胡椒粉

4 人份
备料时间：10 分钟
烹煮时间：10 分钟

根芹去皮，切成块状，再用
细目刨刀，刨成非常细的颗
粒状，淋上柠檬汁。

- 放进一块滤布中挤压，尽
  量挤出汁液。
- 将葡萄干放入温水中，让
  葡萄干吸饱水分。
- 奶油放入平底锅加热，炒
  根芹粒，最后加入充分沥
  干的葡萄干，以盐和胡椒
  粉调味。

- 趁热食用。

私房小秘诀：假如我们想把
食材刨得非常细，那么，细
目刨刀就是个超棒工具。它
可将柑橘皮刨成细末，却不
会刮到水果那层带有苦味且
无用的白皮层。

❯ **根芹饭**

4 人份
备料时间：15 分钟
烹煮时间：35 分钟

西芹洗净，切成薄片。根芹
与马铃薯去皮，洗净。将两
者皆切成块状。

- 奶油放入平底锅中加热，
  香煎西芹薄片与洋葱。加
  入其他的蔬菜与鸡汤，盖
  上锅盖，熬煮 30 分钟。
- 将汤放入搅拌机中打碎磨
  细，并且过滤。加入事先
  打发的鲜奶油，以盐和胡
  椒粉调味。
- 将汤倒入深盘中，摆上香
  叶芹，即可食用。

❯ **西芹浓汤**

花椰菜

花椰菜 1 棵

花椰菜 2 棵

 大个的马铃薯
1 个

 细香葱细末（半把量）

 巴萨米克醋
1 汤匙

 花生油 3 汤匙

 粗盐

 胡椒粉

 韭葱葱白丝（2 根量）

 鲜奶油 200 克

 鸡汤 1000 毫升

 奶油 20 克

 盐与胡椒粉

4 人份
备料时间：15 分钟
静置时间：1 小时

马铃薯洗净，连皮清蒸。蒸好后去皮，切成圆薄片，平均摆入 4 个盘子底部。

花椰菜洗净，切成 4 等份，用锐利的刀将花椰菜切成很薄的薄片，再将花椰菜薄片叠在马铃薯薄片上，美美地摆进盘子中。

调和油与醋，将油醋酱淋在花椰菜薄片上。放入冰箱冷藏 1 小时。

食用前，撒上细香葱末、数颗粗盐，再将胡椒研磨器转一圈撒上胡椒粉。

花椰菜薄片沙拉

4 人份
备料时间：30 分钟
烹煮时间：45 分钟

剥去花椰菜外叶，洗净，并切成小束状。挑选 4 束外形漂亮的花椰菜束备用，其余以滚水氽烫，沥干水分。

以平底锅加热奶油，用奶油炒韭葱丝后，加入鸡汤与氽烫过的花椰菜，盖上锅盖，熬煮 20 分钟。将汤放入搅拌机中打碎磨细，并且过滤，之后加入鲜奶油，以盐和胡椒粉调味。

使用细目刨刀将生花椰菜束刨成非常细的颗粒状，在汤品上撒入花椰菜细粒，即可食用。

花椰菜饭与奶油花椰菜汤

大黄瓜

大黄瓜 2 根

 蜂蜜 100 克

 糖 5 克
（约 1 茶匙）

 奶油 20 克

 盐

大黄瓜 2 根

 黄柠檬 1 个

 薄荷叶细末（新鲜薄荷叶数片）

 洋菜粉 5 克
（1 茶匙满匙）

 橄榄油

 盐之花

 粗盐

 盐与胡椒粉

4 人份
备料时间：20 分钟
烹煮时间：30 分钟

大黄瓜洗净，去皮，并以蔬果挖球器（圆形或椭圆形均可）挖出一颗颗小圆球（或是椭圆球状）。

- 将黄瓜球放入滚水中余烫后，沥干水分。
- 在平底锅中放入糖、奶油、少许水以及黄瓜球。加点盐调味，慢慢煨煮。
- 当汤汁收干后，加入蜂蜜，让黄瓜球裹上焦糖。
- 趁热食用。

❷ 焦糖黄瓜

4 人份
备料时间：30 分钟
烹煮时间：5 分钟
静置时间：20 分钟

柠檬整个去皮，切成小丁状，备用。

- 大黄瓜洗净，去皮。
- 将黄瓜内部的籽取出，一部分切成棒状，其余部分放入榨汁机中萃取汁液。
- 以粗盐略微腌渍黄瓜棒，沥干水分后备用。
- 晶冻凝露的调制方法：量取 650 毫升黄瓜汁，取部分加热，用以融化洋菜粉，然后，将剩余的黄瓜汁加入，以盐和胡椒粉调

味并充分调和。
- 将晶冻凝露倒入深盘底部，再将黄瓜棒摆进盘内，放入冰箱冷藏 20 分钟。
- 撒上薄荷叶细末、柠檬丁以及少许盐之花。再淋上一点橄榄油。搭配烟熏鱼料理（鲑鱼、鳗鱼等）一起食用吧！

❷ 晶冻黄瓜心

南瓜

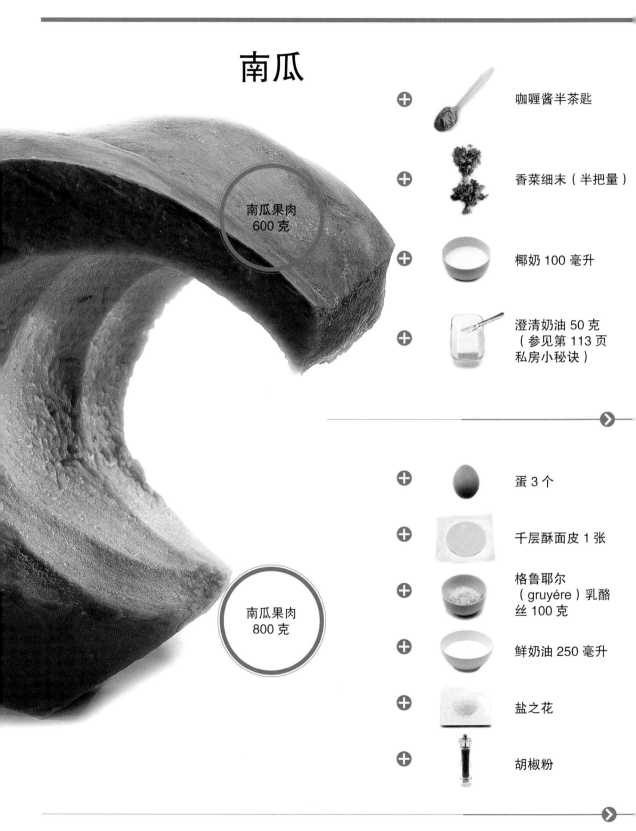

南瓜果肉 600 克

+ 咖喱酱半茶匙

+ 香菜细末（半把量）

+ 椰奶 100 毫升

+ 澄清奶油 50 克
（参见第 113 页
私房小秘诀）

南瓜果肉 800 克

+ 蛋 3 个

+ 千层酥面皮 1 张

+ 格鲁耶尔
（gruyére）乳酪
丝 100 克

+ 鲜奶油 250 毫升

+ 盐之花

+ 胡椒粉

4 人份
备料时间：20 分钟
烹煮时间：10 分钟

南瓜去皮，称 600 克南瓜果肉，切成小丁状。

- 澄清奶油香煎南瓜丁后，再加入椰奶与咖喱，以文火熬煮 10 分钟。
- 撒上香菜末，就可享用咖喱南瓜了！

❯ 咖喱南瓜

桑德琳娜：南瓜很难去皮吗？洗干净，切成小块状，放入气泡矿泉水里烹煮就成了。

4 人份
备料时间：25 分钟
烹煮时间：45 分钟

南瓜去皮，称 800 克南瓜果肉，切成小块状。水煮南瓜块成泥状。

- 将千层酥面皮放入不粘塔模后，放入冰箱冷藏 30 分钟。
- 以 180℃预热烤箱。
- 在塔模底部先铺上一张烤盘纸，然后再铺上一层镇石（或米），以避免面皮在烘烤过程中变形。不加任何内馅，单烤面皮 10 分钟。
- 将蛋黄与蛋白分开。

- 将蛋黄与鲜奶油、南瓜泥混合。
- 将蛋白打发到硬性发泡，拌入南瓜蛋黄泥中。加入格鲁耶尔乳酪丝，再撒点胡椒粉。
- 将面糊全倒入预烤过后的面皮底层。再放回烤箱，以 100℃烘烤 35 分钟。
- 撒上盐之花，温热享用。

❯ 南瓜派

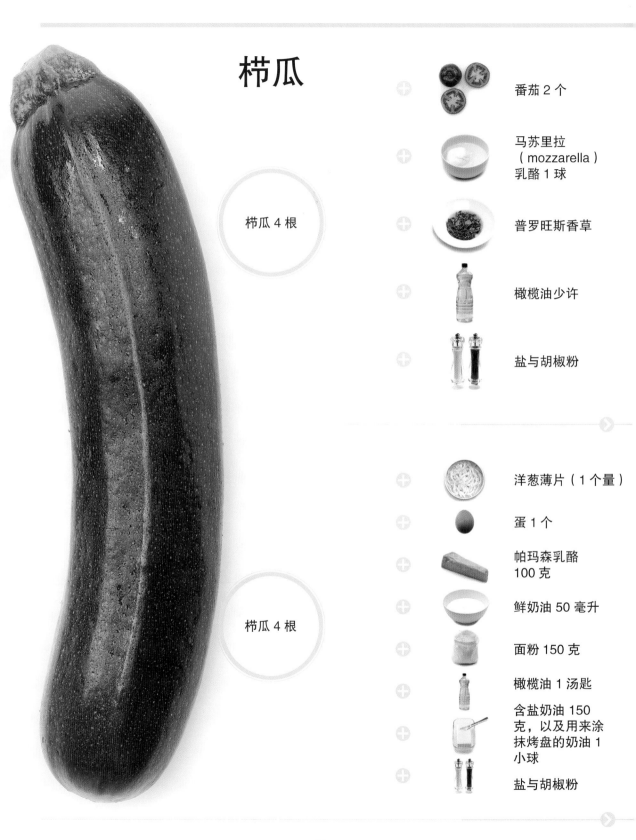

栉瓜

栉瓜 4 根

番茄 2 个

马苏里拉
（mozzarella）
乳酪 1 球

普罗旺斯香草

橄榄油少许

盐与胡椒粉

栉瓜 4 根

洋葱薄片（1 个量）

蛋 1 个

帕玛森乳酪
100 克

鲜奶油 50 毫升

面粉 150 克

橄榄油 1 汤匙

含盐奶油 150
克，以及用来涂
抹烤盘的奶油 1
小球

盐与胡椒粉

4 人份

备料时间：30 分钟

烹煮时间：20 分钟

栉瓜洗净，番茄剥去外皮。将两者切成圆片状。

- 以 180℃预热烤箱。
- 将栉瓜圆片与番茄圆片交错摆放在抹油的盘子中。撒点盐与胡椒粉以及普罗旺斯香草。
- 将马苏里拉乳酪切成小块状，平均摆放在栉瓜上，淋上少许橄榄油。
- 放入烤箱烘烤 20 分钟。

▶ 焗烤栉瓜

4 人份

备料时间：20 分钟

烹煮时间：30 分钟

栉瓜洗净，切成小块状。

- 以 180℃预热烤箱。
- 以橄榄油炒洋葱与栉瓜。
- 脆皮奶酥的制作方法：将面粉、含盐奶油以及 50 克帕玛森乳酪加以混合（参见私房小秘诀）。
- 在盘子上抹点奶油，放入栉瓜，加入拌打在一起的蛋与鲜奶油，以及剩余的帕玛森乳酪。加点盐和胡椒粉调味。将脆皮奶酥铺盖在盘面上。
- 置入烤箱烘烤 20 分钟。

私房小秘诀：制作脆皮奶酥（无论咸的或是甜的）最简单的方法，就是将所有的材料混合在一起，如同制作派皮一样。只要将面团放入冰箱里，让它略微凝固成形，之后再切成小丁状即可。

▶▶ 栉瓜奶酥派

菊苣

 核桃仁 12 颗

 洛克福特
（roquefort）
蓝纹乳酪 200 克

 鲜奶油 100 毫升

 巴萨米克醋
3 汤匙

 糖 1 茶匙

 奶油 20 克

 盐与胡椒粉

菊苣 6 棵

菊苣 4 棵

 黄柠檬 1 个

 糖渍柠檬 1 个

 糖渍姜数块

 奶油 20 克

 盐与胡椒粉

4 人份
备料时间：30 分钟
烹煮时间：10 分钟

菊苣洗净，叶菜挑拣干净。
纵剖为二，取出菊苣心。

　　以奶油将菊苣煎至金黄色
后，加入糖，让菊苣裹上
焦糖。倒入巴萨米克醋加以
烩煮。保持菊苣热度备用。

　　以文火融化洛克福特蓝纹
乳酪后，加入鲜奶油，煮
至略微收汁。加入盐和胡
椒粉调味。

　　将洛克福特乳酪酱汁淋在
菊苣上，撒点核桃仁，即
可食用。

私房小秘诀：将菊苣心切除，
就可除去菊苣的苦味了。

洛克福特蓝纹乳酪佐焦糖菊苣

4 人份
备料时间：15 分钟
烹煮时间：25 分钟

菊苣洗净，叶菜挑拣干净。
纵剖为二，取出菊苣心。

　　将糖渍柠檬与糖渍姜块分
别切成小丁状，分开放置。
将新鲜柠檬榨汁。

　　以奶油将菊苣煎至金黄色
后，加入柠檬汁与糖渍柠
檬丁，盖上锅盖熬煮 20
分钟，其间要不时翻动菊
苣。加入盐和胡椒粉调味。
撒上糖渍姜丁，即可享用。

柠檬风味菊苣

四季豆

四季豆
600 克

 番茄 4 个

 蒜末（1 瓣量）

 综合香草束 1 把

 蛋 4 个（每个 40 ~ 60 克）

 橄榄油 1 汤匙

 盐与胡椒粉

软荚四季豆
600 克

 番茄 4 个

 洋葱薄片（1 个量）

 蒜末（1 瓣量）

 番茄糊 2 克

 橄榄油 1 汤匙

 盐与胡椒粉

4 人份
备料时间：35 分钟
烹煮时间：25 分钟

四季豆洗净，去除豆荚的硬膜纤维，水煮 10 分钟。

- 以滚水煮蛋 5 分钟后，马上将蛋放入冰水中（以防止熟透），然后剥去蛋壳。
- 番茄去皮，切碎。将番茄、橄榄油、蒜末、综合香草束放入锅内，熬煮 10 分钟。
- 在深盘中放入少许番茄丁，再放入微温的蛋与四季豆，淋上番茄酱汁。以盐和胡椒粉调味。

❯ 温泉蛋佐四季豆

4 人份
备料时间：30 分钟
烹煮时间：20 分钟

四季豆洗净，去除蒂头，放入滚水中余烫。

- 番茄去皮，切小丁。
- 以橄榄油炒香洋葱薄片后，加入番茄和蒜末。略加入盐和胡椒粉调味，熬煮 10 分钟。
- 快煮好时，再加入番茄糊。
- 以上述酱汁加热四季豆，熬煮 5 分钟后即可上桌。

❯ 番茄风味软荚四季豆

莴苣

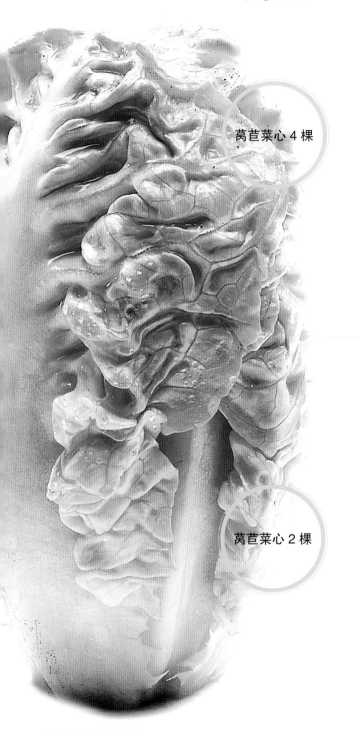

莴苣菜心 4 棵

莴苣菜心 2 棵

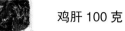 鸡肝 100 克

 红葱头末（1 个量）

 白兰地 1 汤匙

 雪莉（Xérès）
酒醋少许

 花生油 3 汤匙

 盐与胡椒粉

 腌肉（培根）4 片

 红葱头 2 个

 蔬菜高汤 50 毫升

 奶油 50 克

4 人份
备料时间：30 分钟
烹煮时间：3 分钟

平底锅加热，倒入 1 汤匙油，大火快炒鸡肝。加入红葱头末与醋。淋上白兰地，以盐与胡椒粉调味。

- 将鸡肝放入搅拌机中打成泥状，加入剩下的花生油，拌打成肝酱状。
- 莴苣心洗净，沥干水分，纵剖成 4 等份。
- 再将莴苣心卷起，淋上酸醋肝酱。
- 这样就可以搭配野禽或家禽料理一起食用了！

❯❯ 酸醋肝酱佐莴苣心

4 人份
备料时间：20 分钟
烹煮时间：30 分钟

莴苣心洗净，一剖为二。
剥去红葱头外皮，一剖为二。

- 以 200℃预热烤箱。
- 以一片腌肉卷住半棵莴苣心。
- 在炖锅中放入 4 份腌肉莴苣卷、蔬菜高汤、奶油、红葱头，再放入烤箱中烘烤 15 分钟。
- 汤汁蒸发完毕，让莴苣卷浸在烧烤出的油脂中，充分包裹酱汁后，再盛盘食用。

❯❯ 烤莴苣心

扁豆

扁豆
600 克

+ 插上丁香的洋葱 1 个与刚腌渍好的腌猪腿肉 1.5 千克

+ 蒙贝利亚省（Montbéliard）产的香肠 4 根

+ 切成小丁状的胡萝卜 2 根、切成薄片状的洋葱 1 个以及切成小丁状的腌猪腿 1 块

+ 综合香草束 1 把

+ 蒜末（2 瓣量）

+ 陈年酒醋半茶匙

+ 气泡矿泉水 1000 毫升

+ 盐与胡椒粉

扁豆
250 克

+ 腌熏培根一片（50 克）

+ 韭葱葱白丝（1 根量

+ 鲜奶油 250 毫升

+ 气泡矿泉水 1000 毫升

+ 盐与胡椒粉

4 人份
备料时间：30 分钟
烹煮时间：2 小时

在双耳深锅中放入腌猪腿肉及插有丁香的洋葱。倒入足以淹没食材的水，以文火炖煮 1 小时后，加入香肠，继续熬煮半小时。烹煮过程中，要不断捞除表面浮沫。

- 炒香腌猪腿丁、胡萝卜丁、洋葱薄片后，加入扁豆、1 瓣量的蒜末以及一把综合香草束。倒入气泡矿泉水淹没食材（水与食材的比例为 2∶1）。熬煮 30 分钟。
- 沥干扁豆水分，以盐和胡椒粉调味，再加入 1 茶匙以陈年酒醋浸泡过的生鲜蒜末。
- 将扁豆、腌猪腿肉以及香肠盛盘。

私房小秘诀：以气泡矿泉水烹煮干豆类蔬菜，不但耗时较短（相较于以一般水烹煮，更为省时），还可免去浸泡步骤，让蔬菜变得十分软嫩。

❯ 腌猪腿扁豆

4 人份
备料时间：30 分钟
烹煮时间：35 分钟

以气泡矿泉水烹煮扁豆与培根肉片。烹煮后，先取出培根肉片，切成小丁状备用。

- 用搅拌机将扁豆打成细泥状，并以圆锥形网筛过筛（细目网筛）。
- 加入已打发的鲜奶油。以盐和胡椒粉调味。
- 搭配香煎培根与生韭葱葱白丝一起食用。

❯ 扁豆汤

65

白萝卜

白萝卜 6 根

白芝麻 100 克

蜂蜜 150 克

鲜奶 500 毫升

酱油 100 毫升

糖 80 克

白萝卜 8 根

榛果碎粒
100 克

蜂蜜 1 茶匙

黄柠檬汁（1 个量）

法国莫城（Meaux）
生产的芥末籽酱
1 茶匙

埃斯珀莱特
（d'Espelette）
辣椒粉 1 茶匙

橄榄油 3 汤匙

盐与胡椒粉

4 人份
备料时间：35 分钟
烹煮时间：20 分钟

白萝卜洗净、去皮，用锐利
的刀切成非常薄的薄片。

- 将鲜奶煮至沸腾，放入白
  萝卜氽烫，沥干水分后
  备用。
- 在平底锅中放入酱油、
  糖、蜂蜜，以文火熬煮，
  让白萝卜裹上焦糖。
- 快煮好时，再撒上少许芝
  麻即可。

焦糖萝卜

4 人份
备料时间：20 分钟

白萝卜洗净、去皮，用锐利
的刀切成非常薄的薄片。

- 油醋酱汁的调制方法：将
  芥末籽酱、蜂蜜、橄榄
  油、柠檬汁、埃斯珀莱特
  辣椒粉一起混合搅拌，以
  盐和胡椒粉调味。
- 将萝卜薄片摆入盘中，撒
  上榛果碎粒，淋上少许油
  醋酱汁。

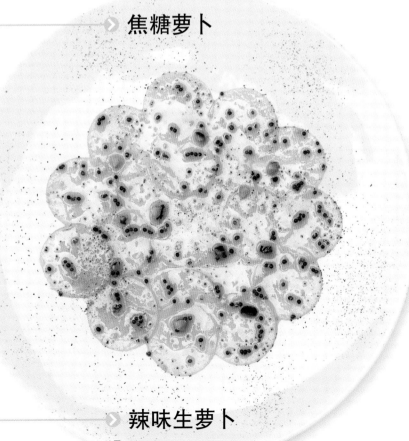

辣味生萝卜

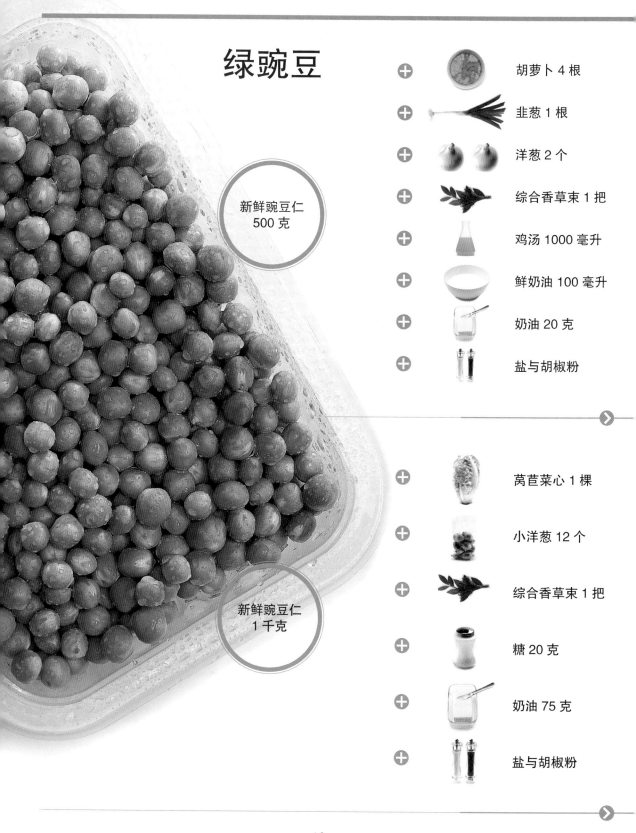

绿豌豆

新鲜豌豆仁
500 克

＋ 胡萝卜 4 根

＋ 韭葱 1 根

＋ 洋葱 2 个

＋ 综合香草束 1 把

＋ 鸡汤 1000 毫升

＋ 鲜奶油 100 毫升

＋ 奶油 20 克

＋ 盐与胡椒粉

新鲜豌豆仁
1 千克

＋ 莴苣菜心 1 棵

＋ 小洋葱 12 个

＋ 综合香草束 1 把

＋ 糖 20 克

＋ 奶油 75 克

＋ 盐与胡椒粉

4 人份

备料时间：15 分钟

烹煮时间：40 分钟

将胡萝卜、洋葱、韭葱洗净，切成薄片。

- 以奶油炒香蔬菜薄片。加入鸡汤后，再放入豌豆仁、综合香草束，以文火熬煮 30 分钟。
- 取出综合香草束。将汤与食材放入搅拌机中打成细碎，并过滤。
- 加入已打发的鲜奶油，最后以盐和胡椒粉调味。

❯ 克拉玛风味汤

4 人份

备料时间：30 分钟

烹煮时间：20 分钟

剥去洋葱外皮。

让洋葱裹上糖衣的制作方法：平底锅中放入洋葱、少许水、糖、奶油，慢慢熬煮，直到洋葱裹上焦糖。

- 烹煮到一半时，将剖为 4 份的莴苣心放入洋葱锅中，煎上色。
- 另取平底锅，将水煮至沸腾，放入豌豆仁与综合香草束，煮 7 ~ 8 分钟。

- 将综合香草束取出，豌豆仁沥干水分，保留少许烹煮汤汁备用。
- 将豌豆仁拌入焦糖洋葱中，淋上烹煮汤汁，加少许盐和胡椒粉调味，即可盛盘上桌。

❯ 法式豌豆料理

韭葱

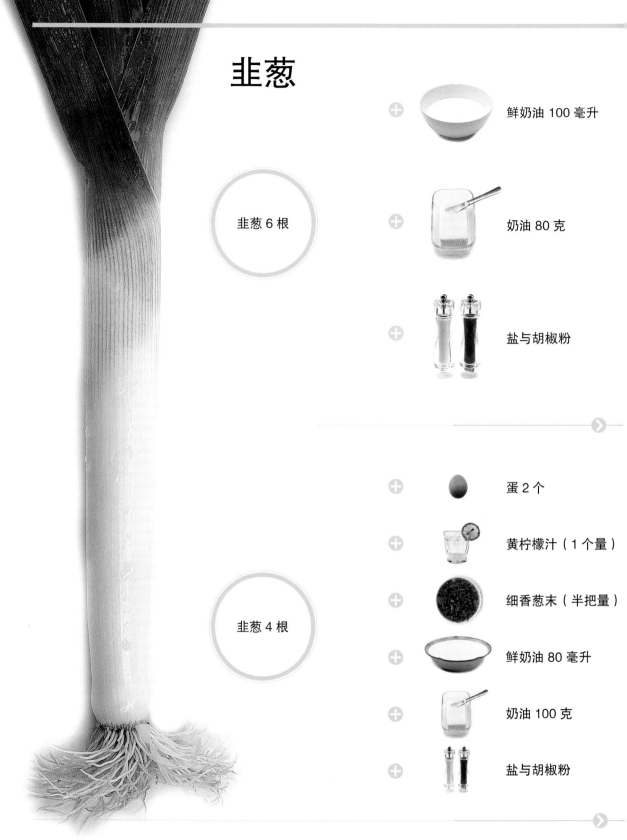

韭葱 6 根

➕ 鲜奶油 100 毫升

➕ 奶油 80 克

➕ 盐与胡椒粉

韭葱 4 根

➕ 蛋 2 个

➕ 黄柠檬汁（1 个量）

➕ 细香葱末（半把量）

➕ 鲜奶油 80 毫升

➕ 奶油 100 克

➕ 盐与胡椒粉

4 人份
备料时间：30 分钟
烹煮时间：7 分钟

韭葱洗净，剥去外皮层，只
取用葱白部分，并切成细丝
状（青葱部分，可用于其他
料理）。

- 以平底锅融化奶油后，加
  入葱白丝，拌炒 7 分钟。
- 快煮好时，加入鲜奶油，
  并以盐和胡椒粉调味。

❯ 入口即化葱白丝

桑德琳娜：我上馆子时，最爱点的一道菜！

4 人份
备料时间：20 分钟
烹煮时间：30 分钟

韭葱洗净，切成段状，以滚
水烹煮，沥干水分后备用。

- 将蛋煮熟，剥去蛋壳，切
  碎备用。
- 在平底锅中融化奶油，并
  加入柠檬汁与水，边煮边
  搅拌，拌打成浓稠的白色
  状。最后加入鲜奶油。加
  入少许盐和胡椒粉调味。
- 将酱汁倒入盘底，摆上葱
  段，撒上所有的细香葱末
  与白煮蛋末。

❯ 韭葱白煮蛋

甜椒

黄椒 2 个
青椒 2 个
红椒 2 个

 拍扁的蒜仁 3 颗

 青辣椒丁（1 根量）

 橄榄油

 盐与胡椒粉

红椒 2 个
黄椒 2 个
青椒 2 个

 番茄 1 个

 洋葱薄片（2 个量）

 蒜末（2 瓣量）

 欧芹半把

 蛋 6 个

 埃斯珀莱特（d'Espelette）辣椒粉 1 茶匙

 橄榄油 1 汤匙

 盐与胡椒粉

4 人份
备料时间：20 分钟
烹煮时间：10 分钟
静置时间：6 小时

甜椒放至烤箱上层烘烤 10 分钟。当甜椒外皮变皱略黑，趁热放入塑料袋中封住，等待 15 分钟，冷却。

- 剥去甜椒外皮并去籽后，切成长条片状。将甜椒片与拍扁的蒜仁、辣椒丁摆盘，以盐和胡椒粉调味。倒入橄榄油腌渍，6 小时后即可食用。

私房小秘诀：将热乎乎的甜椒放入塑料袋中密封，是为了好剥除甜椒外皮，甜椒降温后，就可轻而易举地将外皮剥除了。

⊙ **橄榄油风味甜椒**

4 人份
备料时间：35 分钟
烹煮时间：30 分钟

欧芹切成细末。

- 甜椒去籽，把甜椒与事先剥去外皮的番茄切成丁。
- 以橄榄油炒洋葱（勿上色）。加入甜椒，烹煮 10 分钟后，再加入番茄、蒜末、欧芹、盐、胡椒粉与埃斯珀莱特辣椒粉，盖上锅盖，慢火熬煮 15 分钟。
- 不断翻搅，烹煮 5 分钟，快煮好时，加入蛋汁。番茄甜椒炒蛋上桌时，必须非常滑嫩多汁。

⊙ **番茄甜椒炒蛋**

马铃薯

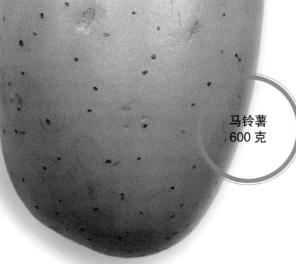

马铃薯
800 克

马铃薯
600 克

 千层酥面皮 1 张

 蛋 2 个

 格鲁耶尔
（ gruyére ）
乳酪丝 200 克

 鲜奶油 100 毫升

 肉豆蔻

 盐与胡椒粉

 松露 50 克

 蛋 4 个

 鲜奶 200 毫升

 奶油 800 克，以
及用来涂抹烤模
用的奶油少许

 盐与胡椒粉

4 人份
备料时间：30 分钟
烹煮时间：35 分钟

以 180℃预热烤箱。

- 马铃薯去皮，以滚水汆烫后沥干水分。
- 将千层酥面皮放入不粘烤盘后，先铺上一张烤盘纸，然后再铺上一层镇石（或米），以避免面皮在烘烤过程中变形。放入烤箱中预烤 8 分钟。
- 将马铃薯切成圆薄片，将圆薄片铺成圆花图饰，摆进面皮底部。
- 将蛋、鲜奶油以及少许格鲁耶尔乳酪丝一起拌打。以盐和胡椒粉调味，并加

入少许肉豆蔻粉。将此面糊倒在马铃薯片上，撒上剩下的格鲁耶尔乳酪丝。
- 放入烤箱烘烤 25 分钟。

❯ 马铃薯蛋糕

桑德琳娜：乍看之下，马铃薯变得无比贵气呢！

4 人份
备料时间：45 分钟
烹煮时间：50 分钟

马铃薯去皮，切成块状，放入水中烹煮 30 分钟（水中加点盐调味），煮到熟透。

- 将蛋黄与蛋白分开。
- 以 180℃预热烤箱。在平底锅里以文火拌煮马铃薯泥、奶油与鲜奶。离火后，依次加入一个个蛋黄，再加入预先切好的松露薄片，以盐和胡椒粉调味。将蛋白打发，加入前述面糊中，快速拌匀。

- 将面糊倒入已抹好奶油与面粉的舒芙蕾烤模中，放在热烤盘上，送入烤箱烘烤 20 分钟。

私房小秘诀：将舒芙蕾烤模放在热烤盘上，是为了让热传导效力更棒，以获得绝佳的烘烤效果。我们也可将舒芙蕾放入烤箱中以隔水加热的方式烘烤，但过程较为烦琐。

❯ 松露马铃薯舒芙蕾

红栗南瓜

红栗南瓜 1 个
（500 克）

红栗南瓜 1 个

蛋 4 个

格鲁耶尔
（gruyére）
乳酪丝 50 克

鲜奶油 100 毫升

奶油 40 克，以及
用来涂抹烤模的
奶油少许

盐与胡椒粉

法国面包半根
（切成小丁状）

已煮熟的栗子
200 克

蒜末（1 瓣量）

鲜奶 500 毫升

鲜奶油 100 毫升

肉豆蔻

盐与胡椒粉

4 人份

备料时间：40 分钟

烹煮时间：50 分钟

削去南瓜皮，切块，以清蒸方式烹煮 30 分钟。

- 以 180℃预热烤箱。
- 将南瓜煮成泥状。
- 将蛋黄与蛋白分开。
- 取一只平底锅，以文火拌煮南瓜泥、奶油、鲜奶油以及格鲁耶尔乳酪丝。离火后，依次加入一个个蛋黄。以盐和胡椒粉调味。
- 将蛋白打发，加入前述面糊中，快速拌匀。
- 将舒芙蕾烤模抹上奶油与面粉，倒满面糊，送入烤箱烘烤 20 分钟。

> ❯ **红栗南瓜舒芙蕾**

4 人份

备料时间：15 分钟

烹煮时间：25 分钟

南瓜洗净、去皮、切块。

- 在平底锅中放入鲜奶与栗子，煮至沸腾。加入南瓜后，再以文火熬煮 20 分钟。
- 将汤倒入搅拌机中打细，再以圆锥形网筛过滤（细目网筛）。以盐和胡椒粉调味，

并加入少许肉豆蔻粉。

- 上菜前几分钟，再加入预先打发的鲜奶油。
- 搭配蒜烤面包丁一起食用。

> ❯ **红栗南瓜汤**

樱桃萝卜

	黑橄榄数颗
	黄柠檬 1 个
	新鲜香菜半把
	细香葱数小株
	橄榄油 3 汤匙
	马尔顿（Maldon）海盐（或以盐之花取代）
	盐与胡椒粉

樱桃萝卜
800 克

樱桃萝卜
20 个

	大黄瓜切成圆形薄片（大黄瓜半根）
	普瓦兰（Poilâne®）面包片（普瓦兰面包一个）
	芽菜
	细香葱末
	马尔顿（Maldon）海盐（或以盐之花取代）
	奶油 100 克

4 人份
备料时间：20 分钟

将樱桃萝卜洗净，并保留茎部。纵剖成 4 等份，让每一瓣樱桃萝卜顶端都保有一小根细茎。

- 将橄榄去籽，橄榄肉压碎。
- 磨取柠檬皮细末后，榨取柠檬汁。
- 油醋酱汁的调制方法：将香菜末、橄榄油、1 汤匙柠檬汁、橄榄碎末、盐和胡椒粉拌在一起。缓缓将酱汁与樱桃萝卜拌在一起。
- 将沙拉摆入碗中，加入少许细香葱末、少许马尔顿海盐与少许柠檬皮细末。

私房小秘诀：购买樱桃萝卜时须注意要挑选细茎翠绿的。别忘了，细茎也有特殊的口感风味，可惜常常在清理时被浪费丢弃了。

樱桃萝卜沙拉

4 人份
备料时间：10 分钟

玛蒂尔德：这道面包料理让我想起了布鲁塞尔以及那儿的跳蚤市场，还有童年记忆里那赫赫有名的白乳酪樱桃萝卜三明治。

樱桃萝卜切成小圆薄片。

- 将普瓦兰面包片抹上奶油，放入平底锅里香煎（正、反面都要），直到面包片呈现漂亮的金黄色，再放到吸油纸巾上吸除多余油分。
- 在面包片上，叠放黄瓜圆片与樱桃萝卜圆片。撒上几小粒马尔顿海盐（或是盐之花）。最后摆上芽菜，撒上细香葱末（或是蒜末）。
- 适合常温状态下食用。

私房小秘诀：盐，这种调味品，宁可用得少，也要用得

好。马尔顿海盐，自公元 1882 年起产于英国大不列颠岛，颗粒小，但颜色相当白，属优质好盐。

樱桃萝卜三明治

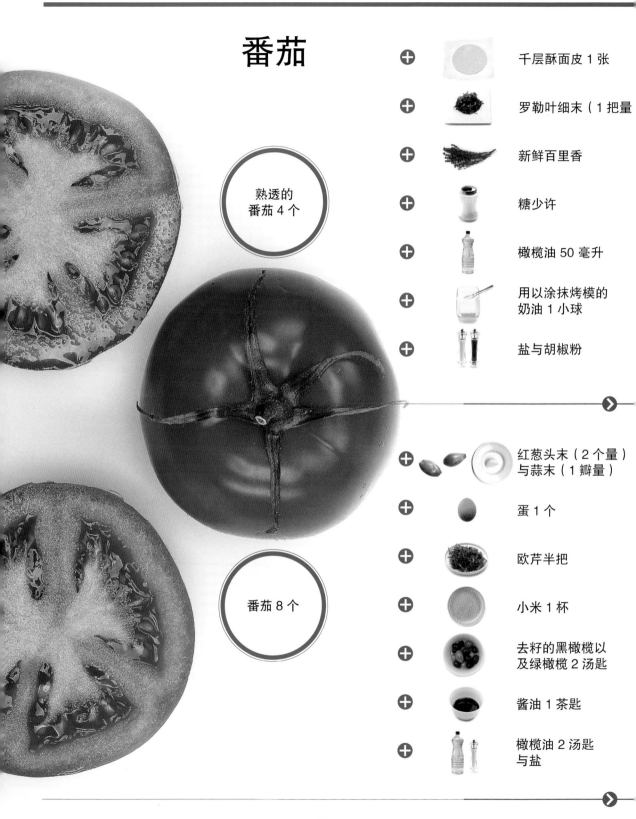

番茄

+ 千层酥面皮 1 张

+ 罗勒叶细末（1 把量）

+ 新鲜百里香

+ 糖少许

+ 橄榄油 50 毫升

+ 用以涂抹烤模的
  奶油 1 小球

+ 盐与胡椒粉

番茄 8 个

+ 红葱头末（2 个量）
  与蒜末（1 瓣量）

+ 蛋 1 个

+ 欧芹半把

+ 小米 1 杯

+ 去籽的黑橄榄以
  及绿橄榄 2 汤匙

+ 酱油 1 茶匙

+ 橄榄油 2 汤匙
  与盐

4 人份
备料时间：30 分钟
烹煮时间：20 分钟

将面皮放入已抹上奶油的派模里，用叉子在面皮上插洞，放入冰箱冷藏备用。

- 以 220℃预热烤箱。
- 将 2 个番茄剥皮，并切成小圆片。
- 酱汁的调制方法：将剩下的 2 个番茄剥去外皮，挖空内部，压碎番茄。将番茄、半把量的罗勒叶末、10 毫升橄榄油、糖、盐和胡椒粉放入平底锅中，以文火加以熬煮（4～5 分钟），备用。
- 将半把的罗勒叶末与剩下的橄榄油放入搅拌机中，

打成罗勒橄榄油酱。
- 将番茄酱汁抹在面皮上，摆上番茄片，撒上新鲜百里香，放入烤箱烘烤 15 分钟。
- 从烤箱取出后，淋上罗勒橄榄油酱汁。

❷ 番茄派

4 人份
备料时间：25 分钟

番茄洗净，去皮，切除顶上果蒂部位，挖空内部，保留果肉备用。在番茄内部加点盐，倒扣让汤汁流出。

- 水煮蛋，剥去蛋壳。
- 在碗中放入小米，并倒入一杯滚水充分浸泡，让小米膨胀。
- 将番茄果肉、橄榄与水煮蛋压碎。加入蒜末、红葱头末、欧芹、橄榄油与酱油。最后加入小米。以盐调味后，充分拌匀。
- 将上述蔬菜内馅塞入番茄内部，适合常温状态下食用。

❷ 蔬菜番茄馅饼

鱼类
与贝类

鲈鱼

鲈鱼肉
4 片

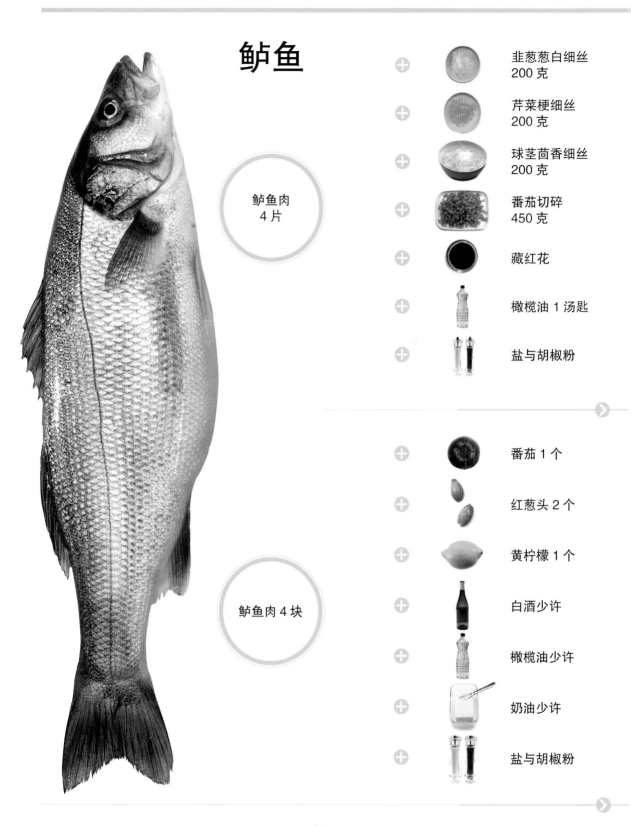

韭葱葱白细丝
200 克

芹菜梗细丝
200 克

球茎茴香细丝
200 克

番茄切碎
450 克

藏红花

橄榄油 1 汤匙

盐与胡椒粉

鲈鱼肉 4 块

番茄 1 个

红葱头 2 个

黄柠檬 1 个

白酒少许

橄榄油少许

奶油少许

盐与胡椒粉

4 人份
备料时间：45 分钟
烹煮时间：10 分钟

请鱼贩以纵切的方式将一条鲈鱼处理出 4 片肉。将鱼片放入深盘底部，置于常温下备用。

- 将茴香、韭葱、芹菜梗切成细长状（丝状），用橄榄油以大火翻炒（借此缩小体积）。加入番茄与少许藏红花。以盐和胡椒粉调味。将蔬菜平均配放入盘中，其上摆放生鲈鱼片。
- 可再摆上几根四季豆当作盘饰。

马赛风味鲈鱼

4 人份
备料时间：20 分钟
烹煮时间：25 分钟

- 以 200℃预热烤箱。
- 将番茄与柠檬切成圆片状。
- 剥去红葱头外皮，切成细末状。
- 准备四张锡箔纸，抹上奶油。锡箔纸上摆入鲈鱼肉、番茄片、柠檬片与红葱头末。加点盐和胡椒粉调味，淋上少许橄榄油与白酒。然后用锡箔纸将食材包起来。
- 放入烤箱中，以 180℃烘烤。

锡箔包烤鲈鱼

85

鳕鱼

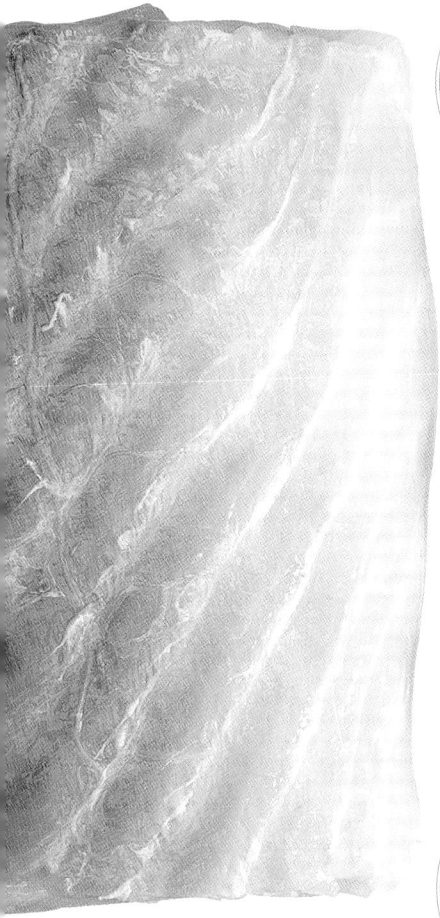

鳕鱼 4 块

  番茄 4 个

  红葱头 4 个

  面包粉 200 克

 法式芥末酱

  百里香

   白酒

  橄榄油

 奶油 100 克，以及用来涂抹烤盘的奶油 1 小球

 盐与胡椒粉

鳕鱼 4 块

 洋葱细末（1 个量）

  生姜末 10 克

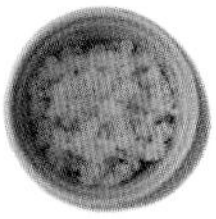

 青柠檬汁（1 个量）

 照烧酱 1 汤匙（日本酱汁）

 麻油 1 茶匙

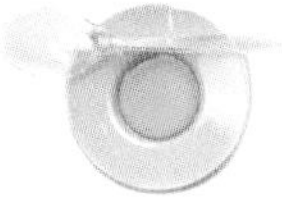

 盐与胡椒粉

4 人份

备料时间：30 分钟

烹煮时间：15 分钟

以 200℃预热烤箱。

- 番茄去皮后，切成圆片状。将红葱头切成细末状。
- 面包粉与百里香拌匀。
- 以盐和胡椒粉为鳕鱼块调味，并抹上芥末酱。
- 将奶油抹在烤盘上，再铺一层红葱末，放上鳕鱼块，再摆番茄片，撒上百里香面包粉，倒入白酒加以湿润，最后淋上少许橄榄油。放入烤箱中，以 180℃烘烤。
- 奶油酱的调制方法：将烤汁取出，加入切成块状的

小奶油丁后，加以拌打，并略微调味。

❯ 耶荷小镇风味鳕鱼

提耶里　带有浓浓的日本风味。做法超简单，味道极棒！

4 人份

备料时间：10 分钟

烹煮时间：5 分钟

静置时间：2 小时

鳕鱼块放入照烧酱（淡味酱油）与青柠檬汁调和的酱汁中腌渍，放入冰箱冷藏 2 小时备用。

- 在平底锅中以麻油炒香洋葱末，再将鳕鱼（需先沥干酱汁）放入煎。保温备用。
- 酱汁的调制方法：将腌渍汤汁倒入烧鱼的锅里，略微熬煮收汁，再加入姜末，将汤汁加以过滤，加入少许盐和胡椒粉调味。

- 热腾腾的鳕鱼块上淋上酱汁，搭配白米饭一起食用。

❯ 日式风味鳕鱼

血蛤

 韭葱 3 根

 番茄 1 个

 白酒 100 毫升

 红葱头 2 个

 盐与胡椒粉

血蛤 1.5 千克

 西芹梗 200 克

 韭葱 200 克

血蛤 1.5 千克

 柴鱼片少许 （日本香料）

4 人份
备料时间：20 分钟
烹煮时间：6 分钟

血蛤清洗干净。
- 剥除红葱头外皮，切成细末状。韭葱洗净，切成细丝状。番茄去皮，挖除果籽，切成小丁状。
- 让血蛤开口的方法：将血蛤放入炖锅中，加入红葱末与白酒，加入少许盐和胡椒粉调味。煮至沸腾，随即熄火。
- 将开口的血蛤放入碗中，撒上番茄丁与韭葱丝。
- 再将刚刚烹煮的汤汁煮至沸腾，加以过滤后，滚烫地淋入血蛤碗中。

➧ 韭葱血蛤

4 人份
备料时间：20 分钟
烹煮时间：5 分钟

血蛤清洗干净。
- 在蒸锅下层放入大量的水后，加入西芹梗。
- 将血蛤小心翼翼地放入蒸笼中，开口需朝上，再铺上韭葱丝。盖上蒸锅锅盖，煮至水滚，随即熄火。
- 撒上少许柴鱼片后，即可享用。

＊可用蒸炉或蒸锅来做这道菜。

➧ 清蒸血蛤

扇贝

扇贝 12 个

  红葱头 1 个

  黄柠檬 1 个

  欧芹半把

  细香葱 2 把

  白酒 100 毫升
（夏布利白酒）

  奶油 80 克，
以及奶油 1 小球

  盐与胡椒粉

扇贝 12 个

  柑橘皮 2 克

 葡萄柚 2 个

 香橙 2 个

 黄柠檬 2 个

 青柠檬 2 个

 奶油 200 克，以
及奶油 1 小球

 鲜奶油 100 毫升

 盐与胡椒粉

4 人份

备料时间：40 分钟

烹煮时间：15 分钟

扇贝洗净，将干贝与干贝唇分开，备用。

- 刨取柠檬皮细末，榨取柠檬汁。

- 将欧芹、香葱以及红葱头切成细末状。

- 酱汁的调制方法：在小平底锅中加入白酒、红葱末、1 汤匙的柠檬汁，熬煮成浓稠状。一边搅拌，一边加入奶油块。再将柠檬皮细末、半数的欧芹、

香葱末加入。以盐和胡椒粉调味。保持热度备用。

- 在平底锅中放入奶油，分别香煎干贝与干贝唇：每一面都要煎 2 分钟。

- 将干贝摆上热盘，淋上酱汁，撒上剩余未用的欧芹、香葱末。

私房小秘诀：扇贝干贝唇非常脆弱。为了避免在烹煮过程中散开，需事先串住。

❯ 细香葱佐扇贝

4 人份

备料时间：20 分钟

烹煮时间：15 分钟

扇贝洗净，将干贝与干贝唇分开，备用。

- 刨取柑橘皮细末，备用。

- 将葡萄柚、香橙、柠檬整个剥皮，取用最精华的果瓣（纤维膜丢弃不用），留取汁液备用。

- 在平底锅中加入汁液与柑橘皮细末熬煮浓缩，再加入鲜奶油，持续搅拌均匀，缓缓加入奶油丁。以盐和胡椒粉调味，酱汁备用。

- 在平底锅中放入奶油，分别香煎干贝与干贝唇：每一面都要煎 2 分钟。

- 将干贝与柑橘果肉摆盘，淋上酱汁。

❯ 柑橘风味扇贝

鲷鱼

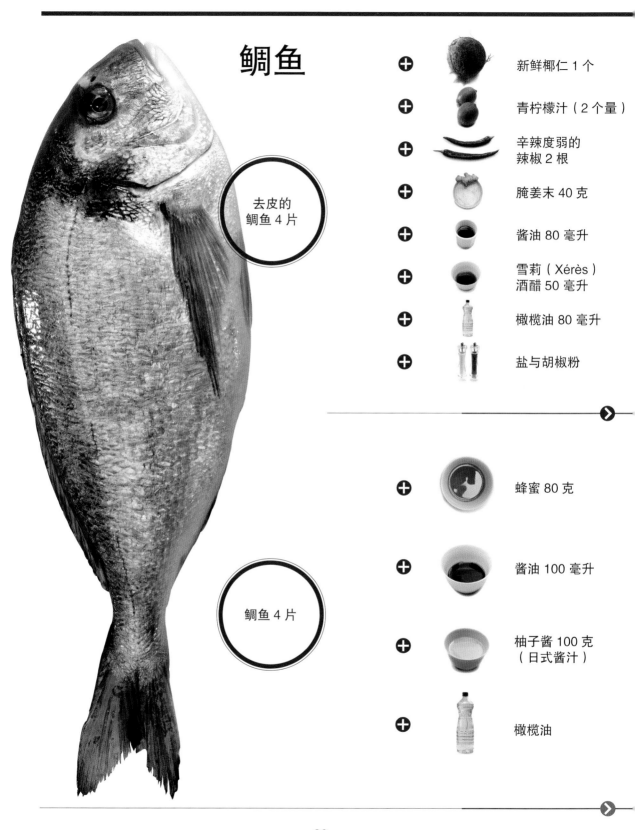

+ 新鲜椰仁 1 个

+ 青柠檬汁（2 个量）

+ 辛辣度弱的
辣椒 2 根

+ 腌姜末 40 克

+ 酱油 80 毫升

+ 雪莉（Xérès）
酒醋 50 毫升

+ 橄榄油 80 毫升

+ 盐与胡椒粉

去皮的
鲷鱼 4 片

鲷鱼 4 片

+ 蜂蜜 80 克

+ 酱油 100 毫升

+ 柚子酱 100 克
（日式酱汁）

+ 橄榄油

4 人份
备料时间：30 分钟
静置时间：1 小时

请鱼贩处理 4 片去皮的鲷鱼。将鱼片切成细长薄片状，放至盘上。

- 将青柠檬汁、醋、酱油、橄榄油、辣椒、盐和胡椒粉调匀，做成酱汁。将此腌渍酱汁倒在鱼片上，撒上腌姜细末。放入冰箱腌渍 1 小时。
- 搭配椰仁丝一起食用。

❷ 椰仁佐腌姜辣椒生鲷鱼片

4 人份
备料时间：20 分钟
烹煮时间：8 分钟

鲷鱼稍加调味，将有鱼皮的那面朝下放入平底锅，倒一点橄榄油，以文火香煎 8 分钟。再加入蜂蜜，让鱼肉稍微裹上焦糖。将鱼肉取出备用。

- 酱汁调制方法：将酱油与柚子酱（以柚子制成的酱汁）放入平底锅加热浓缩。
- 淋上酱汁后，即可食用。

❷ 柚香鲷鱼

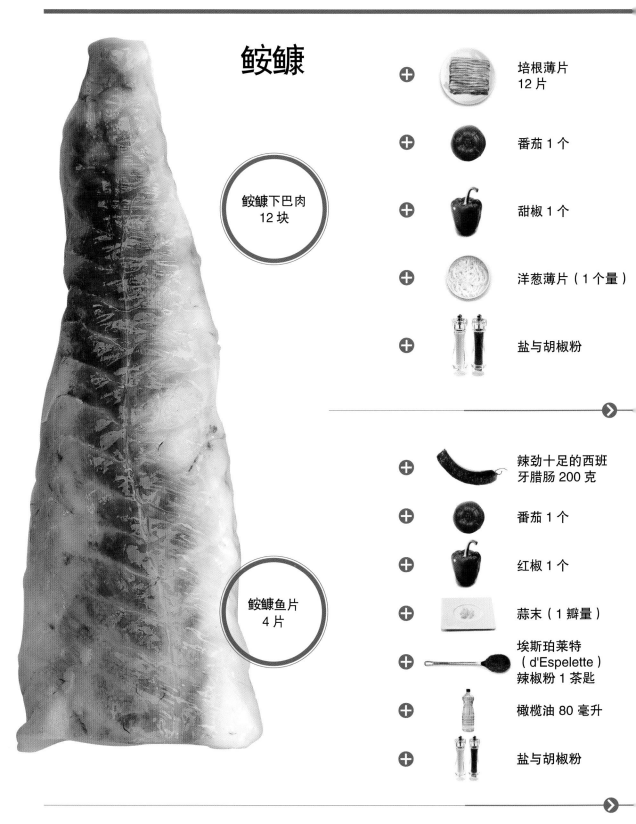

鮟鱇

鮟鱇下巴肉
12 块

鮟鱇鱼片
4 片

培根薄片
12 片

番茄 1 个

甜椒 1 个

洋葱薄片（1 个量）

盐与胡椒粉

辣劲十足的西班
牙腊肠 200 克

番茄 1 个

红椒 1 个

蒜末（1 瓣量）

埃斯珀莱特
（d'Espelette）
辣椒粉 1 茶匙

橄榄油 80 毫升

盐与胡椒粉

4 人份
备料时间：30 分钟
烹煮时间：15 分钟

甜椒与番茄去皮，切成小丁状。

- 用培根将鮟鱇下巴肉块卷起。
- 用不粘锅干煎培根卷，煎成金黄色。保温备用。
- 酱汁的调制方法：以煎过鱼的锅油炒洋葱、番茄丁与甜椒丁，倒入一杯水烩煮，浓缩酱汁后，以盐和胡椒粉调味。
- 将酱汁淋到鮟鱇肉块上，即可食用。

❯ **鮟鱇培根卷**

玛蒂尔德：鮟鱇并不是上等鱼肉，但这道料理，简直是顶级美味！

4 人份
备料时间：30 分钟
烹煮时间：10 分钟
静置时间：2 小时

以 180℃ 预热烤箱。

- 腌渍酱汁的调制方法：将橄榄油、蒜末、辣椒粉、盐和胡椒粉拌匀。鮟鱇放入腌渍酱汁中，置入冰箱冷藏 2 小时。
- 将番茄、红椒及腊肠切成小块状，鮟鱇切成段状。再将鮟鱇与蔬菜放入盘中，置入烤箱中烘烤 10 分钟。
- 可搭配意式炖饭一起食用。

❯ **西班牙风味鮟鱇**

鲭鱼

鲭鱼 4 条

 黄柠檬 2 个

 蒜末（1 瓣量）

 鲜奶油 100 克

 辣度强的芥末酱 80 克

 古法酿制芥末籽酱 80 克

 香叶芹 1 把

 奶油 20 克

 盐与胡椒粉

鲭鱼 4 条

 番茄 1 个

 青柠檬 1 个

 蒜末（1 瓣量）

 欧芹半把

 龙蒿半把

 橄榄油

 盐与胡椒粉

4 人份

备料时间：30 分钟

烹煮时间：10 分钟

以 200℃预热烤箱。

- 将已处理好的鲭鱼洗净，拭干水分。在鱼腹内部以盐和胡椒粉调味。
- 取一个柠檬，整个去皮，果肉切成小丁状。将另一个柠檬榨汁，备用。
- 酱汁的调配方法：将芥末籽酱、鲜奶油、蒜末、柠檬丁与柠檬汁一起调和，并以盐和胡椒粉调味。
- 将鱼肉放在抹了奶油的盘子里，置入烤箱，以 180℃加以烘烤。
- 淋上酱汁，撒上香叶芹末，即可食用。

❯ **芥末鲭鱼**

4 人份

备料时间：30 分钟

烹煮时间：5 至 7 分钟

以 200℃预热烤箱。将已处理好的鲭鱼洗净，并拭干水分。在鱼腹内部以盐和胡椒粉调味。

- 欧芹、龙蒿切碎，与蒜末混合。
- 番茄与柠檬切成圆片状。
- 将蒜末、欧芹末、龙蒿末、番茄片以及柠檬片塞入鱼腹中。
- 在鲭鱼上淋点橄榄油，放入烤箱烘烤（180℃）。

❯ **鲭鱼馅饼**

淡菜

养殖淡菜
3000 克

西班牙品种
大淡菜 2 打

 韭葱葱白丝（1 根量

 咖喱酱 1 汤匙

 鲜奶油 125 毫升

 面粉 20 克

 白酒 500 毫升

 奶油 20 克

 红葱头 1 个

 生姜 6 克

 青柠檬 2 个

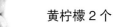 黄柠檬 2 个

 酱油 2 汤匙

 橄榄油 3 汤匙

 醋 4 汤匙

 盐与胡椒粉

4 人份

备料时间：20 分钟

烹煮时间：8 分钟

小心翼翼地将淡菜洗净，并沥干水分。

- 在平底锅中以奶油炒葱白，加入面粉，干炒 2 分钟，倒入白酒、咖喱酱块后加入淡菜，熬煮 6 分钟。
- 以漏勺捞取淡菜，将淡菜去壳取肉，保持热度备用。
- 用搅拌机将烹煮淡菜汤汁打细，过滤后，加入鲜奶油。
- 将热汤淋在淡菜上，即可食用。

> 咖喱淡菜汤

4 人份

备料时间：20 分钟

在流动的冷水下刷洗淡菜，沥干水分后，剥开壳，取出淡菜肉。

- 青柠檬与黄柠檬榨汁。
- 凉拌酱汁的调制方法：将红葱头与生姜均切成细末状，放入碗中，加入酱油、醋、橄榄油与柠檬汁拌匀，并以盐和胡椒粉调味。
- 将淡菜肉放入盘中，淋上凉拌酱汁，置入冰箱数分钟后，即可食用。

> 凉拌生淡菜

沙丁鱼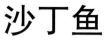

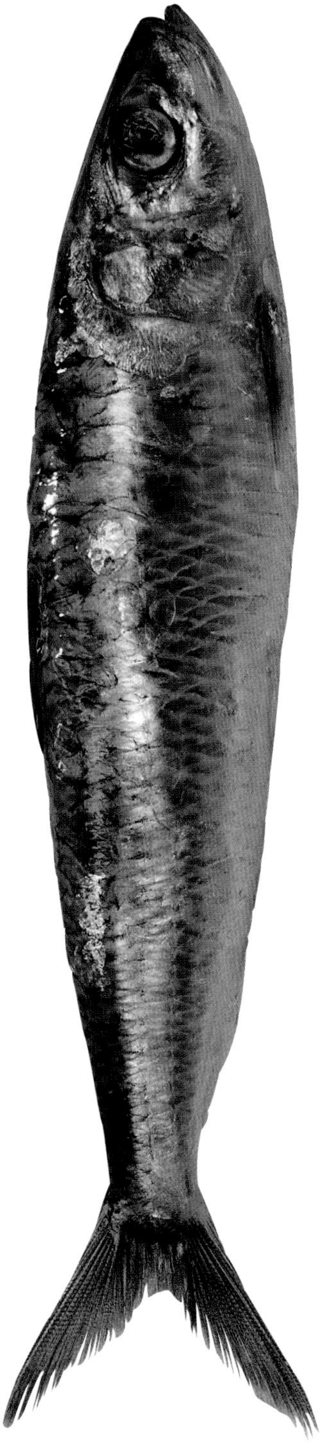

油渍沙丁鱼
16 条

沙丁鱼 8 条

 甜椒 2 个

 烤吐司面包 8 片

 黄柠檬汁（1 个量）

 薄荷细末（1 把量）

 橄榄油

 雪莉（Xérès）
酒醋少许

 盐与胡椒粉

 红皮马铃薯
（roseval 品种）
500 克

 蒜末（1 瓣量）

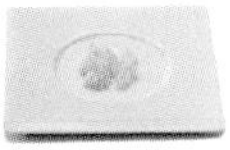

 青苹果 1 个

 黄柠檬汁（1 个量）

 橄榄油

 盐与胡椒粉

4 人份
备料时间：20 分钟
烹煮时间：10 分钟
静置时间：15 分钟

沙丁鱼沥去部分油脂，保留少许油脂。

- 将甜椒放置烤箱上层烘烤10 分钟，直到外皮变皱、略黑，再放入塑料袋中密封，放置15 分钟，冷却后，剥除外皮，并去除甜椒籽。
- 将 1 汤匙水、少许柠檬汁、数滴沙丁鱼油，以及

已剥皮的甜椒，放入搅拌机中打成酱，最后再加入薄荷叶拌打，并以盐和胡椒粉调味。

- 先将吐司面包浸入橄榄油中，再放入平底锅中香煎，涂抹上薄荷甜椒酱。
- 每片土司放上 2 片沙丁鱼，并淋上少许酒醋。

❯ 薄荷甜椒酱佐沙丁鱼

4 人份
备料时间：30 分钟
烹煮时间：30 分钟
静置时间：2 小时

切取沙丁鱼片。

- 将沙丁鱼片放入以橄榄油、柠檬汁、蒜末、盐和胡椒粉调制而成的酱汁中腌渍。再放入冰箱中腌 2 小时。
- 马铃薯去皮，切成长形大块状，以滚水汆烫。将马铃薯块放入炖锅中，倒入

橄榄油淹没，以微火熬煮25 分钟（尽量将火候降至最小）。

- 青苹果切成非常细的长条状（细丝状）。
- 将热腾腾的长条形马铃薯块放置盘中，再放上鱼片，淋上少许腌渍酱，再叠上一些青苹果丝即可。

❯ 青苹果佐马铃薯沙丁鱼

比目鱼

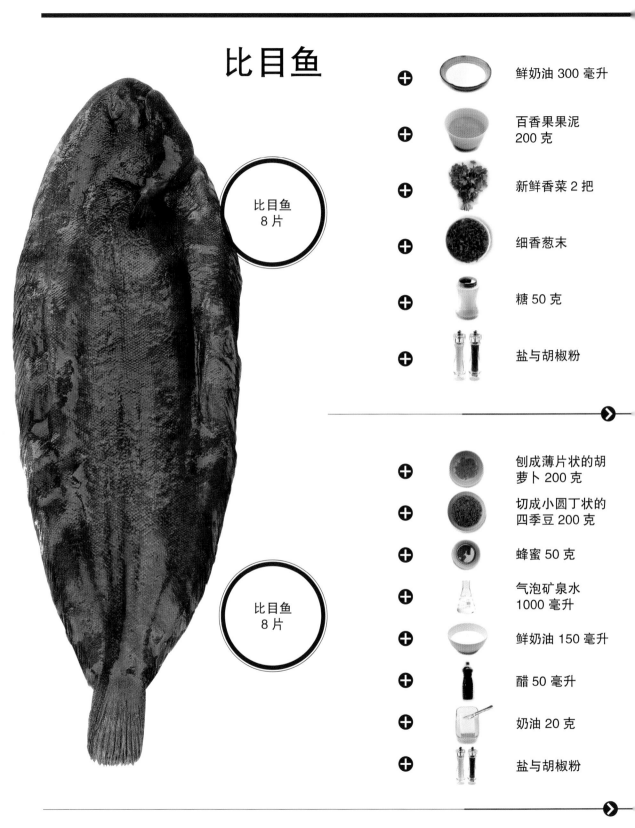

比目鱼
8 片

+ 鲜奶油 300 毫升

+ 百香果果泥
200 克

+ 新鲜香菜 2 把

+ 细香葱末

+ 糖 50 克

+ 盐与胡椒粉

比目鱼
8 片

+ 刨成薄片状的胡
萝卜 200 克

+ 切成小圆丁状的
四季豆 200 克

+ 蜂蜜 50 克

+ 气泡矿泉水
1000 毫升

+ 鲜奶油 150 毫升

+ 醋 50 毫升

+ 奶油 20 克

+ 盐与胡椒粉

4 人份
备料时间：35 分钟
烹煮时间：10 分钟

切取比目鱼片，将四周部分处理干净，只保留最精华的部位。其余部位则留下备用，做成填充馅料。

- 以滚水汆烫香菜。再用搅拌机将比目鱼片以外部位、香菜以及 200 毫升鲜奶油打成泥状，用盐和胡椒粉调味，再以圆锥形网筛（细目网筛）加以过滤。
- 将鱼片放在耐高温保鲜膜上，在鱼片上平铺少许馅料，取另一片鱼肉加以覆盖。利用保鲜膜将鱼片卷

起，并叉几个小洞，蒸煮（80℃）10 分钟。
- 酱汁的调制方法：将百香果果泥、糖、剩余未用的鲜奶油拌和，并加热烹煮。
- 将鱼肉从保鲜膜中取出，放在盘上，淋上酱汁，撒些细香葱末即可。

❷ 比目鱼馅饼

4 人份
备料时间：30 分钟
烹煮时间：20 分钟

胡萝卜与四季豆放入气泡矿泉水中烹煮。

- 在平底锅中放入奶油，以文火香煎比目鱼片 5 分钟。
- 酱汁的调配方法：将醋汁与蜂蜜放入香煎比目鱼肉的平底锅中烩煮，再加入鲜奶油熬煮收汁，不断搅拌，加入奶油丁，再用盐和胡椒粉调味。
- 将蔬菜配料及鱼片放至盘中，淋上酱汁，即可食用。

❷ 蜜醋比目鱼

鲔鱼

 小茴香 1 把

 粉红胡椒粒

 糖 150 克

 粗盐 150 克

 四川花椒

鲔鱼 1 片
（约 700 克）

 法式白豆
500 克

 洋葱半个与
烟熏大蒜 4 瓣

 气泡矿泉水
1000 毫升

 柴鱼片少许

 麻油 1 汤匙

鲔鱼腹肉
400 克

4 人份
备料时间：35 分钟
静置时间：48 小时

鲔鱼洗净、擦干水分，去除鱼骨。

- 将盐、糖、小茴香末、粉红胡椒粒与花椒放入搅拌机中打成粉状。将鲔鱼放在盘子中，以上述酱料完整覆盖，放入冰箱腌渍 48 小时。每隔 12 小时，将鱼肉释出的水倒掉。
- 48 小时后，用冷水将鲔鱼擦洗干净。用保鲜膜包起，放入冰箱冷藏备用。
- 切成极薄薄片，放至烤吐司上食用，或淋上柠檬调味酱油一起食用。

❥ **瑞典风味腌渍鲔鱼**

4 人份
备料时间：30 分钟
烹煮时间：20 分钟

洋葱、烟熏蒜瓣及法式白豆放入气泡矿泉水中烹煮。

- 以麻油香煎鲔鱼肚正反两面（7 分钟）之后，加入少许煮豆水烩煮。
- 在鲔鱼肚与白豆上放些柴鱼片，即可食用。

❥ **法式白豆佐鲔鱼肚**

›››肉类›››

羊肉

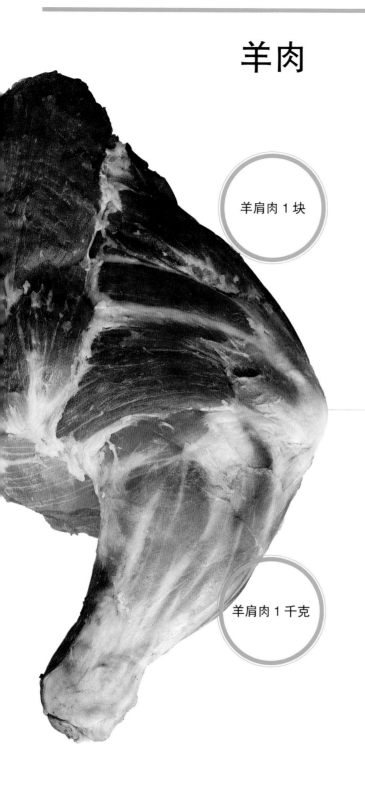

羊肩肉 1 块

羊肩肉 1 千克

 胡萝卜 1 根

 洋葱 1 个

 未剥皮蒜瓣 7 颗

 香草束 1 把

 红酒 500 毫升

 花生油 1 汤匙

 盐与胡椒粉

 茄子 2 根

 栉瓜 2 根

 番茄 4 个

 马铃薯 4 个

 蒜末（1 瓣量）

 蛋 1 个

 细香葱末

 橄榄油 50 毫升 + 2 汤匙

 盐与胡椒粉

6 人份
备料时间：10 分钟
烹煮时间：7 小时

以 120℃ 预热烤箱。

- 洋葱剥去外皮，胡萝卜去皮，将两者切大块状。
- 铁锅热油，将羊肩肉煎得油亮。再将所有的食材放入锅里，加入红酒、盐和胡椒粉一起烩煮。
- 放入烤箱，烘烤 7 小时，并不时将烘烤汤汁浇淋到肉上。
- 先用圆锥形网筛（细目网筛）过滤汤汁，再上桌。

 七小时烤羊

4 人份
备料时间：30 分钟
烹煮时间：45 分钟

以 180℃ 预热烤箱。

- 将羊肩肉切成小块状。
- 栉瓜、马铃薯与茄子切成非常薄的圆薄片，并以橄榄油香煎。留几片马铃薯薄片当作盘饰，其他蔬菜备用。
- 将蛋打成蛋汁。
- 锅里放少许热油，快炒羊肩肉块，加盐、胡椒粉与大蒜调味。倒入一杯水，烩煮 20 分钟。
- 利用熬煮的空当，取一只圆模，以一片栉瓜、一片茄子、一片马铃薯叠放的方式，放入圆模中，摆出圆花饰。利用刷子刷上蛋汁，再摆上羊肉块，羊肉层上再铺一层蔬菜花饰，最后将所剩的蛋汁全部倒入，加入盐和胡椒粉调味。
- 放入烤箱中（以隔水加热的方式）烘烤 25 分钟。
- 番茄去皮，切成小丁状后，与 50 毫升橄榄油以及细香葱末一起拌和。
- 将预留的马铃薯片摆盘，将羊肉花脱模摆上，淋上细香葱番茄酱汁。

提耶里：这是一道宴客的理想料理。

羊肉花

牛肉

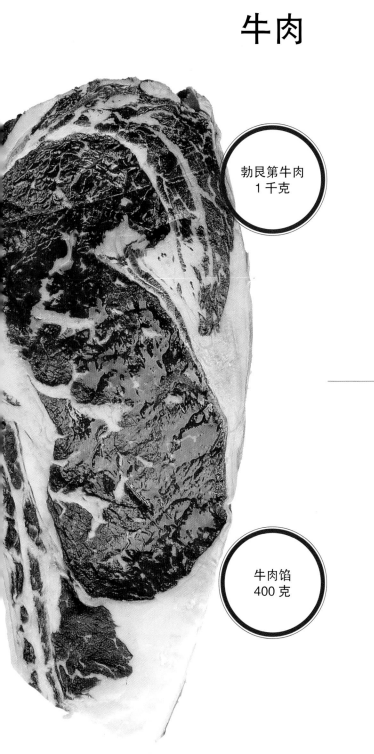

勃艮第牛肉
1千克

牛肉馅
400克

 胡萝卜1根（大）

 韭葱1根

 洋葱1个

 连皮蒜头1个

 面粉50克

 红酒1000毫升

花生油1汤匙

盐与胡椒粉

 洋葱细末（2个量）

 生辣椒1根

 蜂蜜4茶匙

 法式白乳酪
4汤匙

 花生油1汤匙

 盐与胡椒粉

4 人份
备料时间：35 分钟
烹煮时间：45 分钟
静置时间：5 小时

腌制酱汁的调配方法：去皮洋葱、切成 4 等份的干净胡萝卜（不削皮）、切成段状的韭葱、切半（不去皮）的蒜瓣拌和，以盐和胡椒粉调味，并倒入 1000 毫升红酒。将牛肉放入酱汁中，放入冰箱腌渍 5 小时。

• 以 200℃预热烤箱。
• 将牛肉的酱汁沥干。以大火热油（当油已冒烟），将牛肉逐块放入油煎，再放至网筛上备用。以相同步骤处理蔬菜，再将处理好的蔬菜放至同一个网筛上，备用。
• 将滚烫热油倒入炖锅，再将炖锅放至大火上。倒入肉块与蔬菜，加入面粉，充分搅拌，将面粉炒成金黄色后，淋入酱汁，煮至沸腾，最后盖上锅盖，放入烤箱烘烤慢炖 45 分钟。

私房小秘诀：勃艮第红酒牛肉是一道必须前一晚就准备的料理哟！

提耶里：建议你，面粉要先炒过哟！

❥ 勃艮第红酒牛肉

4 人份
备料时间：30 分钟
烹煮时间：6 分钟

将 400 克肉馅拌入一半的洋葱细末，平均分成 4 份。以平底锅油煎汉堡肉，直到表面金黄。

• 利用煎肉空当，拌和白乳酪与辣椒末，每个盘子里放入 1 汤匙的辣椒乳酪酱与 1 茶匙蜂蜜。
• 将汉堡肉放置吸油纸巾上，吸去多余油脂后，再放到辣椒乳酪酱旁。加点盐和胡椒粉调味，并将预先烤得金黄的洋葱末摆上。

私房小秘诀：上桌前，加点腌黄瓜末吧！

❥ 牛肉汉堡

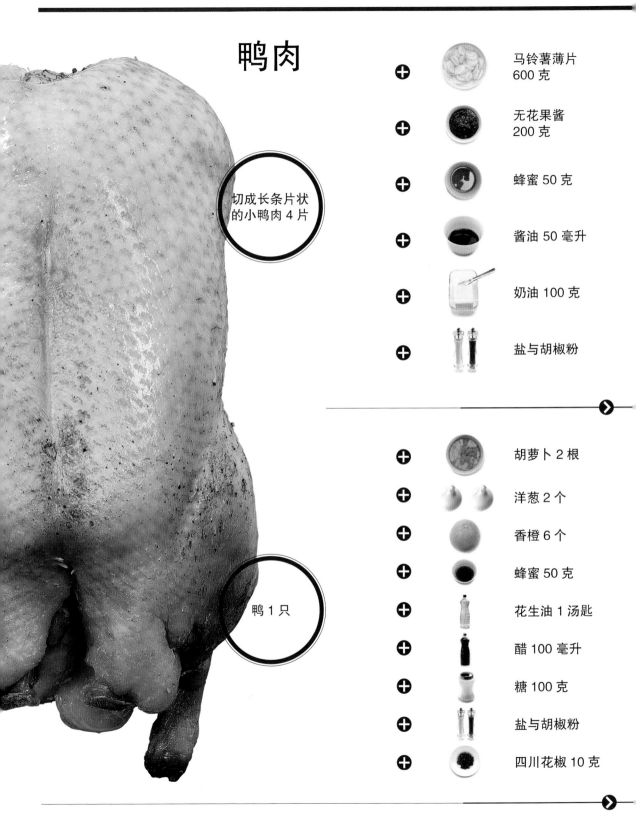

鸭肉

切成长条片状的小鸭肉 4 片

鸭 1 只

马铃薯薄片 600 克

无花果酱 200 克

蜂蜜 50 克

酱油 50 毫升

奶油 100 克

盐与胡椒粉

胡萝卜 2 根

洋葱 2 个

香橙 6 个

蜂蜜 50 克

花生油 1 汤匙

醋 100 毫升

糖 100 克

盐与胡椒粉

四川花椒 10 克

4 人份

备料时间：30 分钟

烹煮时间：40 分钟

以 180℃预热烤箱。

- 澄清奶油（参见私房小秘诀）。
- 在马铃薯薄片上浇淋澄清奶油，然后以交叠的方式将薄片摆放在小长方形平底锅上。放入烤箱以 180℃烘烤 20 分钟，烘烤时间快到时，再将温度提高至 200℃。
- 利用烘烤马铃薯的空当，在平底锅里缓缓熬煮浓缩无花果酱和蜂蜜，直到熬成焦糖的浓稠度。加入

小鸭肉条，让鸭肉裹上焦糖，再倒入酱油烩煮，并以盐和胡椒粉调味。

- 将乳鸭肉条摆至烘烤马铃薯饼上即可。

私房小秘诀：以隔水加热的方式萃取澄清奶油。以滤勺捞除表面的杂质，然后利用小汤勺小心翼翼地舀起澄清奶油，舍弃略微乳白的部分（留在锅底的部分）。

❯ **乳鸭肉条佐马铃薯饼**

提耶里：这是为我的好伙伴张氏兄弟所准备的一道料理。

6 人份

备料时间：30 分钟

烹煮时间：2 小时

以 180℃预热烤箱。

- 胡萝卜去皮，剥去洋葱外皮，将两者均切成大块状。
- 铁锅里以大火热油将鸭肉煎得金黄，加入蔬菜与花椒后，放入烤箱烘烤一个半小时。并时时以烤汁浇淋鸭肉。
- 橙汁的调配方法：削取橙皮，榨取橙汁，将橙皮放入滚水中余烫，连续 3 次。将糖与蜂蜜煮成

焦糖状，加入醋与橙汁继续烩煮浓缩，加入 100 毫升水，并将橙皮加入酱汁中，以盐和胡椒粉调味。

- 将鸭肉切块，淋上橙汁，即可食用。

❯ **椒麻鸭**

猪肉

猪里脊 750 克

- 生姜末 20 克
- 蜂蜜 150 克
- 青柠檬汁 50 毫升
- 酱油 150 毫升
- 橄榄油 3 汤匙
- 巴萨米克醋 50 毫升
- 盐与胡椒粉

猪里脊 750 克

- 罗蔓心 4 颗
- 蛋 3 个
- 面包粉 200 克
- 面粉 50 克
- 日式炸猪排酱汁 1 汤匙
- 油炸用油
- 盐与胡椒粉

4 人份

备料时间：20 分钟

烹煮时间：35 分钟

静置时间：4 小时

腌渍酱汁的调配方法：将所有的材料，除了橄榄油以外，全拌在一起，再将事先切成 1 厘米厚度的里脊肉片放入浸泡。放进冰箱中冷藏腌渍 4 小时。

- 将肉片的酱汁沥干，放入加了橄榄油的平底锅中加热，使表面呈现焦糖状。再加入腌渍酱汁，盖上锅盖，烹煮 25 分钟。取出猪肉，让肉片保温备用，把酱汁再熬煮浓缩。

- 将肉片摆在盘上，淋上酱汁，搭配味噌风味茄子（参见第 45 页）一起享用。

❯ 焦糖里脊

4 人份

备料时间：25 分钟

烹煮时间：8 分钟

将里脊肉片切成 1 厘米厚度的片状，并以盐和胡椒粉调味。将肉片裹上面粉，再蘸蛋汁，最后裹上面包粉。将猪排放入热油中（145℃）油炸 8 分钟，直到猪排炸得金黄，放至吸油纸巾上吸去多余油脂后备用。

- 罗蔓心切成 4 等份。

- 将猪排摆盘，搭配罗蔓心，淋上日式猪排酱一起食用。

❯ 日式炸猪排

鸡肉

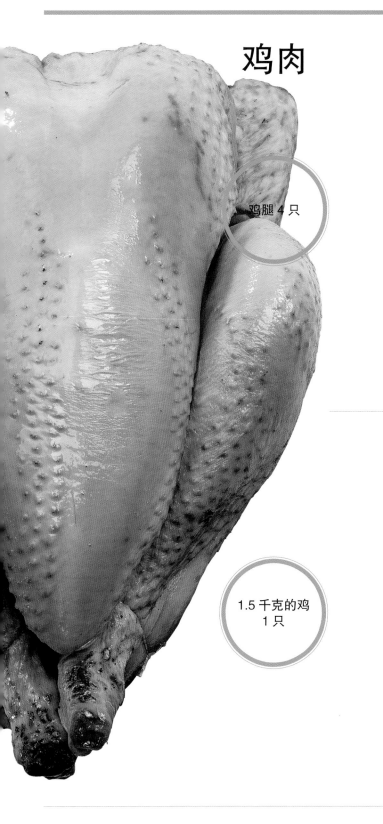

鸡腿 4 只

1.5 千克的鸡
1 只

  蒜末 5 克

 生姜片 5 克

 蜂蜜 50 克

 红酒 1 杯

 龟甲万酱油
1 茶匙

 橄榄油 1 汤匙

 洋菇 400 克

 红葱头 2 个

 鲜奶油 200 毫升

 白酒 100 毫升

 橄榄油 2 汤匙

 盐与胡椒粉

4 人份

备料时间：30 分钟

烹煮时间：30 分钟

静置时间：4 小时

鸡腿去骨。

- 腌渍酱汁的调配方法：将红酒、酱油、蜂蜜、蒜末与姜调和，将酱汁煮沸后放凉。鸡腿放入酱汁后放入冰箱冷藏 4 小时。

- 利用耐高温保鲜膜将鸡腿卷起（卷成肉卷状），蒸 20 分钟（80℃）后放凉。

- 将鸡肉卷切成小圆盘状，放入平底锅中，加点油香煎，让鸡肉犹如裹上焦糖般油亮，再倒入腌渍酱汁

烩煮，并浓缩酱汁。

- 将鸡肉放至盘上，淋上酱汁，即可上桌。

私房小秘诀：淋上酱汁后，再加一小段鲜红辣椒尖当作盘饰。

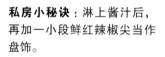 **蜜汁红酒酱煨鸡腿**

4 人份

备料时间：20 分钟

烹煮时间：25 分钟

把鸡剁成数块，洋菇洗净、切片。剥除红葱头外皮，切成细末状。

- 在炖锅中放入红葱头末，以橄榄油将鸡肉煎成金黄。倒入白酒烩煮收汁。

- 利用熬煮鸡肉的空当，倒少许橄榄油在平底锅中，以大火香煎洋菇，再倒入炖锅中一起熬煮。加入鲜奶油后，继续熬煮 10 分钟。以盐和胡椒粉调味后，即可食用。

私房小秘诀：依照用餐人数来处理鸡肉，让每位宾客的

盘子里均有一块带骨鸡肉与一块无骨鸡肉。

白酒烩鸡肉块

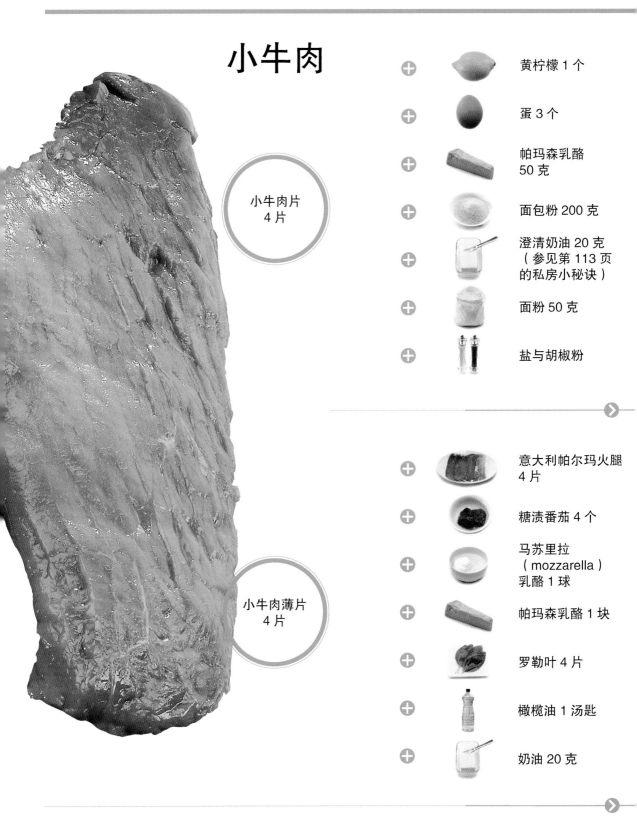

小牛肉

小牛肉片
4 片

小牛肉薄片
4 片

黄柠檬 1 个

蛋 3 个

帕玛森乳酪
50 克

面包粉 200 克

澄清奶油 20 克
（参见第 113 页
的私房小秘诀）

面粉 50 克

盐与胡椒粉

意大利帕尔玛火腿
4 片

糖渍番茄 4 个

马苏里拉
（mozzarella）
乳酪 1 球

帕玛森乳酪 1 块

罗勒叶 4 片

橄榄油 1 汤匙

奶油 20 克

4 人份
备料时间：30 分钟
烹煮时间：15 分钟

面包粉与帕玛森乳酪拌匀。蛋汁打匀，以盐和胡椒粉调味。

- 将肉片裹上面粉，再蘸蛋汁，最后裹上面包粉与帕玛森乳酪调和的综合粉。以澄清奶油加以油煎。
- 搭配一片柠檬摆盘上桌。搭配茄汁帕玛森乳酪意大利面或通心粉一起食用。

❯ 米兰风味小牛排

4 人份
备料时间：20 分钟
烹煮时间：20 分钟

以 180℃ 预热烤箱。在每片小牛肉片上摆一片帕尔玛火腿、一片糖渍番茄、一片马苏里拉乳酪及一片罗勒叶。将肉片卷成肉卷状。

- 肉卷放入炖锅中，以奶油与橄榄油混合的油煎成金黄色。
- 最后放入烤箱烤 15 分钟。
- 与现刨的帕玛森乳酪片一起食用。

❯ 小牛肉卷

香料与特殊食材类

巧克力

  核桃仁 20 克

  胡桃仁 20 克

  烤过的杏仁 20 克

黑巧克力
250 克

 蛋 3 个

  面粉 60 克，以及少许盐

 奶油 150 克

 糖 150 克

 蛋 7 个

 糖渍姜 5 克

巧克力
200 克

 橙皮 2 克

 奶油 50 克

 糖 50 克

4 人份

备料时间：20 分钟

烹煮时间：15 分钟

以 180℃预热烤箱。

- 以文火（45℃）融化巧克力与奶油。
- 将蛋黄与蛋白分开。蛋白打发。蛋黄加入糖一起拌打，直到蛋黄酱变白。
- 将蛋黄酱加入巧克力奶油酱中，再加入已过筛的面

粉、盐、干果、蛋白。

- 将蛋糕模抹上奶油，倒入面糊。放入烤箱中烘烤 10 分钟。烤箱熄火后，仍将糕点留置烤箱里，5 分钟后再取出。

➤ 布朗尼

4 人份

备料时间：30 分钟

静置时间：1 小时

将蛋黄与蛋白分开。

- 以文火（45℃）融化巧克力与奶油。再缓缓加入预先打匀的蛋黄汁。
- 甜姜压碎切细，橙皮切成细末状。将橙皮末、甜姜末及糖拌匀。

- 蛋白打到硬性发泡，并缓缓加入橙皮姜糖。
- 将蛋白霜拌入巧克力蛋黄奶油酱中。
- 倒入小钵里，放入冰箱冷冻（0～4℃之间）1 小时。

➤ 巧克力慕丝

鲜奶油

鲜奶油
250 毫升

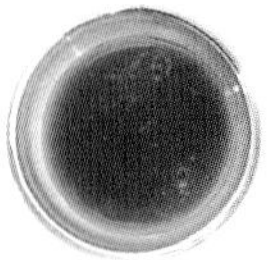

鲜奶油
250 毫升

➕ 百香果果泥
100 克

➕ 洋槐蜜 25 克

➕ 吉利丁 1 片

➕ 香草荚半根

➕ 糖 75 克

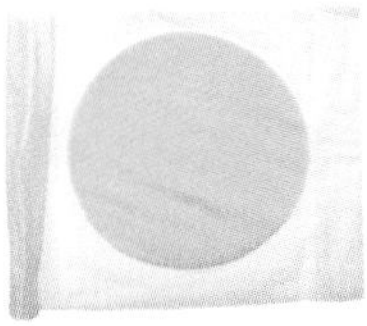

➕ 派皮 1 张

➕ 蛋 2 个

➕ 奶油 50 克

➕ 糖 100 克

桑德琳娜：一道超棒的鲜奶油甜点，有别于俄式煎饼（blinis）的口感哟！

6 人份
备料时间：20 分钟
烹煮时间：5 分钟

吉利丁片放入冷水中泡软。
- 在平底锅中加热鲜奶油、香草荚以及 50 克糖。离火后，加入吉利丁片，充分拌匀。将热鲜奶油倒入容器中，放入冰箱冷藏，待其凝固成形。

- 充分压碎百香果果泥，将果泥、剩下的糖与蜂蜜倒入锅中，一边缓缓加热，一边搅拌。将百香果果泥酱过滤后，倒入已凝固成形的鲜奶酪上。放入冰箱中冷藏。

> **意大利鲜奶酪**

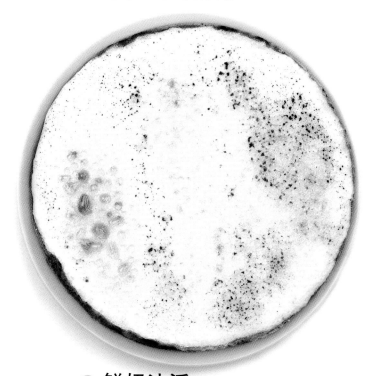

4 人份
备料时间：20 分钟
烹煮时间：30 小时

将派皮放在不粘派盘上。
- 以 180℃预热烤箱。
- 将蛋黄与蛋白分开。
- 鲜奶油、糖与蛋黄拌打均匀，再倒入派皮上。放上数小球奶油。
- 放入烤箱烘烤 30 分钟。

> **鲜奶油派**

面粉

已过筛的面粉
500 克

已过筛的面粉
500 克

可丽饼饼皮：

+ 鲜奶 1000 毫升

+ 8 个蛋汁

+ 糖 60 克

+ 盐少许

+ 融化的奶油
50 克

400 克酱料：

+ 鲜奶 500 毫升

+ 蛋黄 5 颗

+ 面粉 40 克

+ 糖 100 克

+ 草莓 3 颗、奇异果
2 颗、香蕉 1 根

+ 现刨黑巧克力粉

+ 蛋 8 个

+ 鲜奶油 950 毫升

+ 鲜奶 250 毫升

+ 朗姆酒 1 汤匙

+ 室温下软化的奶
油 300 克

+ 糖 60 克

+ 盐少许

4 人份
备料时间：15 分钟
烹煮时间：15 分钟

可丽饼饼皮面糊的调制方法：将蛋汁、鲜奶、糖与盐拌匀。将面糊倒入圆锥形网筛（细目网筛）过筛，再倒入面粉，最后加入融化的奶油。充分拌匀，备用。

- 奶油内馅的调制方法：在打蛋盆中将蛋黄与糖打成白色，加入面粉后，继续拌打。加入已煮至沸腾的鲜奶。将奶油酱倒入平底锅中加热，不断搅拌，直到奶油酱变得浓稠。放入冰箱中冷藏。

- 可丽饼蛋糕的制造方法：在平底锅抹油，煎出 10 张可丽饼皮，将可丽饼皮叠放在一只盘子上，每张饼皮之间抹上少许奶油内馅。

私房小秘诀：想要做出没有凝结颗粒的可丽饼饼皮，请按部就班地依照本食谱所指示的顺序，加入所有的食材，就可成功地做出完美饼皮。

❥ **可丽饼蛋糕**

4 人份
备料时间：15 分钟
烹煮时间：5 分钟

松饼面糊的调制方法：将面粉、鲜奶、750 毫升鲜奶油与奶油拌匀。蛋黄与蛋白分开。将糖加入蛋黄中，拌打至颜色变白，再加入上述面糊中。加点盐与朗姆酒，再缓缓加入已打发的蛋白。

- 将剩余未用的 200 毫升鲜奶油打成香堤伊酱。备用。
- 将松饼机略微抹上油后，烘焙松饼。
- 上桌前，在每片松饼摆上草莓片、奇异果片与香蕉片，挤上少许香堤伊酱，撒上现刨黑巧克力粉即可。

❥ **鲜果香堤伊松饼**

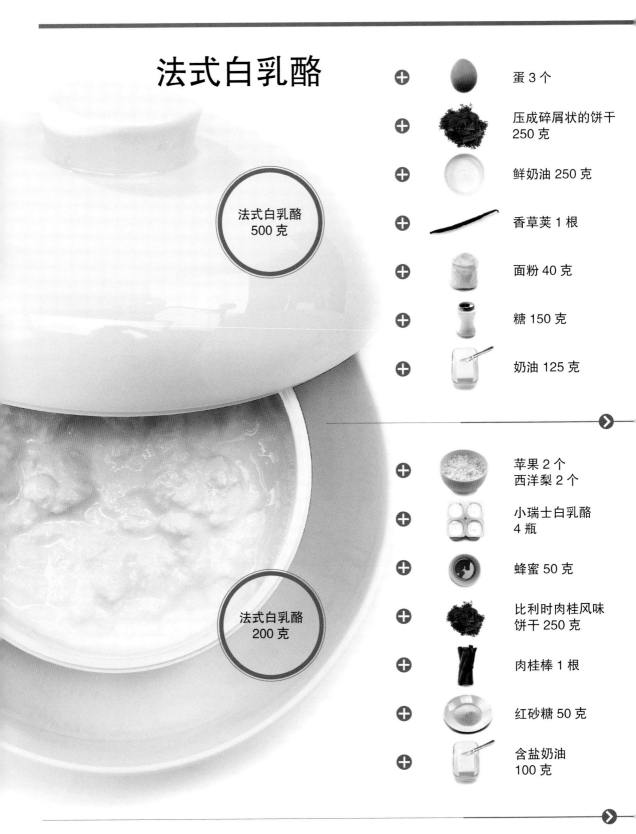

法式白乳酪

法式白乳酪
500 克

蛋 3 个

压成碎屑状的饼干
250 克

鲜奶油 250 克

香草荚 1 根

面粉 40 克

糖 150 克

奶油 125 克

法式白乳酪
200 克

苹果 2 个
西洋梨 2 个

小瑞士白乳酪
4 瓶

蜂蜜 50 克

比利时肉桂风味
饼干 250 克

肉桂棒 1 根

红砂糖 50 克

含盐奶油
100 克

6 人份
备料时间：30 分钟
烹煮时间：40 分钟

以 180℃ 预热烤箱。

- 底层饼皮的调制方法：将捏碎的饼干与预先打成膏状的奶油加以拌和。将此饼皮糊倒入蛋糕模底部（直径 25 厘米的蛋糕烤模），放入冰箱冷藏备用。
- 拌打鸡蛋，将蛋汁倒入圆锥形网筛（细目网筛）中过滤。
- 剖开香草荚，刮取香草籽，将香草籽加入白乳酪后，再加入糖与面粉，倒入蛋汁，最后再倒入鲜奶油。
- 将面糊倒入烤模中，放入烤箱中，至少烘烤 40 分钟。

私房小秘诀：这个蛋糕假如前一晚就准备，风味就更棒了。放入冰箱冷藏，可放一个星期不会坏呢！

❯ 简单芝士蛋糕

备料时间：30 分钟
烹煮时间：15 分钟

将小瑞士白乳酪与法式白乳酪拌在一起。

- 在平底锅中以大火加热红砂糖，直到熬成焦糖状。离火后，加入含盐奶油，并搅拌均匀，备用。
- 苹果与西洋梨去皮，切成小丁状，放入平底锅中，加入肉桂棒与蜂蜜，以大火熬煮。让果丁变得金黄后，将火调弱，继续熬煮。
- 在比利时肉桂风味饼干上涂上少许混合乳酪酱后，再叠上另一块肉桂风味饼干。将水果丁摆盘，淋上咸味奶油焦糖即可食用。

❯ 比利时肉桂风味饼佐小瑞士白乳酪

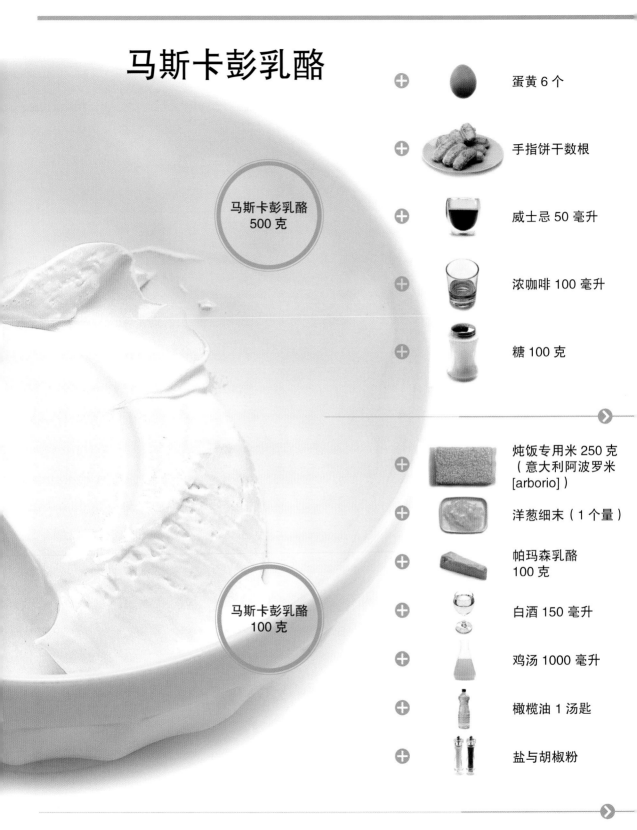

马斯卡彭乳酪

马斯卡彭乳酪
500 克

➕ 蛋黄 6 个

➕ 手指饼干数根

➕ 威士忌 50 毫升

➕ 浓咖啡 100 毫升

➕ 糖 100 克

马斯卡彭乳酪
100 克

➕ 炖饭专用米 250 克
（意大利阿波罗米
[arborio]）

➕ 洋葱细末（1 个量）

➕ 帕玛森乳酪
100 克

➕ 白酒 150 毫升

➕ 鸡汤 1000 毫升

➕ 橄榄油 1 汤匙

➕ 盐与胡椒粉

4 人份
备料时间：20 分钟
静置时间：1 小时

手指饼干放在模底。将咖啡与威士忌混在一起，倒入蛋糕模中浸泡饼干。放入冰箱冷藏备用。

- 将糖加入蛋黄中，拌打至颜色变白，蛋黄酱加入马斯卡彭乳酪中，再加入剩下的威士忌咖啡（浸泡饼干时所剩的汁液）。将此蛋黄酱倒入蛋糕模中。

- 放入冰箱（至少）1 小时，待其凝固成形，冰凉后食用。

❷ 咖啡奶油蛋糕

4 人份
备料时间：30 分钟
烹煮时间：30 分钟

以橄榄油炒洋葱，但勿使洋葱变得金黄。加入米，时时搅拌。

- 当米变得半透明时，加入白酒和 250 毫升鸡汤，拌匀。

- 鸡汤完全被米吸收后，再加入鸡汤，重复此步骤三次后，加点盐和胡椒粉调味。

- 当米粒不再吸收鸡汤，并呈现乳白色时，加入马斯卡彭乳酪与帕马森乳酪，即可上桌食用。

❷ 意式炖饭

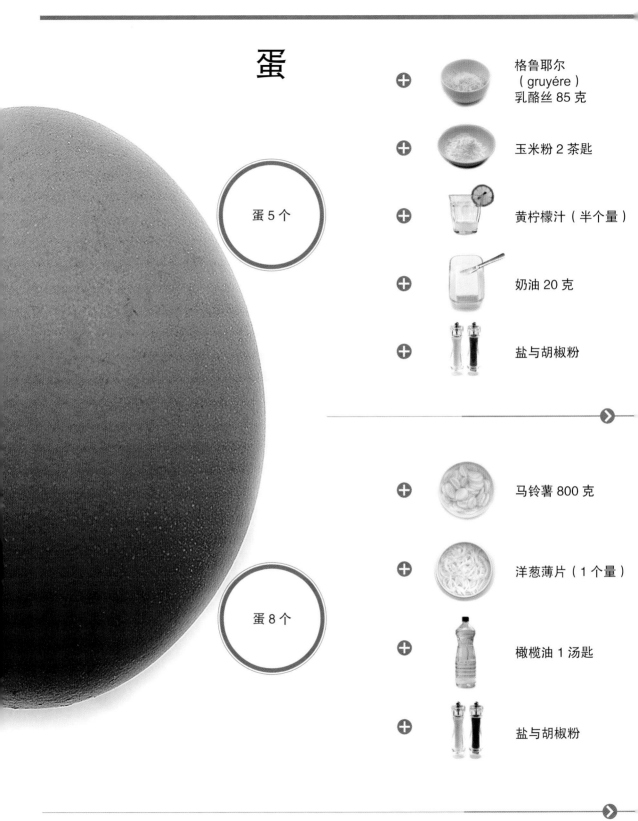

蛋

蛋 5 个

- 格鲁耶尔
  （gruyére）
  乳酪丝 85 克
- 玉米粉 2 茶匙
- 黄柠檬汁（半个量）
- 奶油 20 克
- 盐与胡椒粉

蛋 8 个

- 马铃薯 800 克
- 洋葱薄片（1 个量）
- 橄榄油 1 汤匙
- 盐与胡椒粉

4 人份
备料时间：10 分钟
烹煮时间：7 分钟

蛋黄与蛋白分开。

- 将玉米粉拌入蛋黄中。将 2 茶匙水和柠檬汁加入蛋白中，并打成非常扎实的蛋白霜状。将现刨格鲁耶尔乳酪丝和已预先融化的奶油加入蛋黄中，再加入蛋白霜，加点盐和胡椒粉调味。
- 以 170℃预热烤箱。
- 将蛋黄糊倒入可放进烤箱烘烤的平底锅中（圆形或方形均可，若没有可放入烤箱烘烤的平底锅，蛋糕模也行），放入烤箱中烘烤。
- 搭配沙拉 一起享用这道欧姆烘蛋吧！

> ❯ **欧姆烘蛋**

6 人份
备料时间：15 分钟
烹煮时间：30 分钟

将马铃薯切成半厘米厚度的圆片，以滚水汆烫后，沥干水分。

- 将橄榄油倒入热平底锅中，香煎洋葱和马铃薯，使之上色。当两者变得金黄，放入沙拉盆中备用。
- 打匀蛋汁，加入盐和胡椒粉调味，倒入圆锥形网筛（细目网筛）过滤。
- 蛋汁倒入热锅中香煎。
- 洋葱与马铃薯片放在蛋皮上，卷起蛋皮，做成蛋卷。

> ❯ **西班牙风味夹心蛋饼**

附录

料理一覧表

水果类

⌄

菠萝 18

焦糖菠萝 Ananas caramélisé

菠萝沙拉 Ananas en salade

香蕉 20

香蕉派
Tarte à la banane

巧克力椰奶香蕉卷
Nems banane-choco-coco

柠檬 22

腌渍柠檬 Citrons confits

柠檬派 Tarte au citron

无花果 24

烤无花果 Figues rôties

无花果派 Tarte aux figues

草莓 26

草莓鲜奶酪 Fraises au fromage frais

红酒草莓 Fraises au vin rouge

覆盆子 28

覆盆子意式蛋黄酱
Sabayon de framboises

覆盆子瓦片饼
Tuiles à la framboise

哈密瓜 30

哈密瓜派 Tarte au melon

哈密瓜冷汤 Soupe de melon

香橙 32

四香风味香橙蛋糕
Pain d'épice à l'orange

香橙沙拉
Salade d'oranges

蜜桃 34

香草渍蜜桃佐红莓果酱与香草冰淇淋
Pêche, glace vanille et fruits rouges

香烤蜜桃佐波特酒酱汁
Pêches rôties au porto

西洋梨 36

杏仁风味西洋梨 Poires aux amandes

红酒西洋梨 Poires au vin rouge

苹果 38

苹果气泡酒炖苹果
Pommes au cidre

苹果薄派
Tarte fine aux pommes

蔬菜类

⌄

芦笋 42

松露芦笋
Asperges aux truffes

芦笋佐溏心蛋
Oeufs en cocotte aux asperges

茄子 44

味噌风味茄子
Aubergines Nasu Danku

炸茄棒
Beignets d'aubergine

胡萝卜 46

胡萝卜蛋糕 Carrot Cake

胡萝卜宽扁面 Tagliatelles de carottes

根芹 48

根芹饭 Semoule de céleri-rave

西芹浓汤 Soupe de céleri

花椰菜 50

花椰菜薄片沙拉
Carpaccio de chou-fleur

花椰菜饭与奶油花椰菜汤
Semoule de chou-fleur et potage Dubarry

大黄瓜 52

焦糖黄瓜
Concombre caramélisé

晶冻黄瓜心
Viscères de concombre en gelée

南瓜 54

咖喱南瓜 Courge au curry
南瓜派 Tarte de courge

栉瓜 56

焗烤栉瓜 Tian de courgette
栉瓜奶酥派 Crumble de courgette

菊苣 58

洛克福特蓝纹乳酪佐焦糖菊苣
Endives caramélisées et roquefort

柠檬风味菊苣
Endives au citron

四季豆 60

温泉蛋佐四季豆
Haricots verts et oeufs mollets

番茄风味软荚四季豆
Mange-tout à la tomate

莴苣 62

酸醋肝酱佐莴苣心
Cœur de laitue en vinaigrette de foie de volaille

烤莴苣心
Cœur de laitue au four

扁豆 64

腌猪腿扁豆 Petit salé aux lentilles
扁豆汤 Soupe aux lentilles

白萝卜 66

焦糖萝卜 Navets au caramel
辣味生萝卜 Navets crus pimentés

绿豌豆 68

克拉玛风味汤
Soupe Clamart

法式豌豆料理
Petits pois à la française

韭葱 70

入口即化葱白丝 Fondue de poireaux
韭葱白煮蛋 Poireaux mimosa

甜椒 72

橄榄油风味甜椒
Poivrons à l'huile d'olive

番茄甜椒炒蛋
Piperade

马铃薯 74

马铃薯蛋糕
Gâteau de pomme de terre

松露马铃薯舒芙蕾
Soufflé de pommes de terre aux truffes

红栗南瓜 76

红栗南瓜舒芙蕾
Soufflé au potimarron

红栗南瓜汤
Soupe de potimarron

樱桃萝卜 78

樱桃萝卜沙拉 Salade de radis roses
樱桃萝卜三明治 Tartine de radis

番茄 80

番茄派
Tarte à la tomate

蔬菜番茄馅饼
Tomates farcies végétariennes

鱼类与贝类

⌄

鲈鱼 84

马赛风味鲈鱼 Bar à la phocéenne
锡箔包烤鲈鱼 Dos de bar en papillote

鳕鱼 86

耶荷小镇风味鳕鱼
Cabillaud à la hyéroise

日式风味鳕鱼
Cabillaud à la japonaise

血蛤 88

韭葱血蛤 Coques aux poireaux

清蒸血蛤 Coques à la vapeur

扇贝 90

细香葱佐扇贝
Saint-Jacques à la ciboulette

柑橘风味扇贝
Saint-Jacques aux agrumes

鲷鱼 92

椰仁佐腌姜辣椒生鲷鱼片
Dorade crue marinée, coco,
gingembre et piment

柚香鲷鱼
Dorade au jus de yuzu

鮟鱇 94

鮟鱇培根卷 Joues de lotte au lard

西班牙风味鮟鱇 Lotte à l'espagnole

鲭鱼 96

芥末鲭鱼 Maquereaux à la moutarde

鲭鱼馅饼 Maquereaux farcis

淡菜 98

咖喱淡菜汤 Soupe de moules au curry

凉拌生淡菜 Moules crues marinées

沙丁鱼 100

薄荷甜椒酱佐沙丁鱼
Sardines à l'huile, menthe et crème de
poivron

青苹果佐马铃薯沙丁鱼
Sardines pomme à l'huile et pomme verte

比目鱼 102

比目鱼馅饼 Sole farcie

蜜醋比目鱼 Sole vinaigre et miel

鲔鱼 104

瑞典风味腌渍鲔鱼
Thon gravlax

法式白豆佐鲔鱼肚
Ventrèche de thon et cocos

肉类

⌄

羊肉 108

七小时烤羊 Agneau de 7 heures

羊肉花 Charlotte d'agneau

牛肉 110

勃艮第红酒牛肉 Boeuf Bourguignon

牛肉汉堡 Le Burger

鸭肉 112

乳鸭肉条佐马铃薯饼
Aiguillettes de caneton, pommes Maxim's

椒麻鸭
Canard au poivre anesthésiant

猪肉 114

焦糖里脊
Filet mignon de porc caramélisé

日式炸猪排
Filet mignon de porc pané
à la sauce tonkatsu

鸡肉 116

蜜汁红酒酱煨鸡腿
Cuisse de poulet rôti,
vin rouge au miel et sauce soja

白酒烩鸡肉块
Fricassée de volaille

小牛肉 118

米兰风味小牛排
Escalopes de veau à la milanaise

小牛肉卷
Veau saltimbocca

香料与特殊食材类

⌄

巧克力 122

布朗尼 Brownies

巧克力慕丝 Mousse au chocolat

鲜奶油 ¹²⁴

意大利鲜奶酪 Panna cotta

鲜奶油派 Tarte à la crème fraîche

面粉 ¹²⁶

可丽饼蛋糕
Gâteau de crêpes

鲜果香堤伊松饼
Gaufre chantilly et fruits frais

法式白乳酪 ¹²⁸

简单芝士蛋糕
Cheesecake simplifié

比利时肉桂风味饼佐小瑞士白
乳酪 Petits-suisses aux spéculos

马斯卡彭乳酪 ¹³⁰

咖啡奶油蛋糕 Crème café

意式炖饭 Risotto

蛋 ¹³²

欧姆烘蛋 Omelette soufflée

西班牙风味夹心蛋饼 Tortilla

感谢词

感谢 Tamaki 与 Téo 在烹饪技术上的协助

感谢 Laurine 与 Louise 在我们踌躇不前时，给予大力的鼓励和督促

感谢 Sylvie 与 Jenny 让餐点呈现得如此具有美感

感谢她们的母亲从小培养她们嘴刁的美食味蕾（她们自己也承认呢！）

感谢位于巴黎博客街上的 Monoprix 超市

感谢 Métro 公司

感谢 Bernardaud 公司无限期提供纯白餐盘

感谢 Mandar 提供蔬果

感谢 Jean Denaux 肉店提供肉类食材